Practical Natural Language
Processing with Python

With Case Studies from
Industries Using Text Data at Scale

自然语言处理的 Python 实践

［印度］马坦吉·斯里（Mathangi Sri） 著
吴伟国 译

·北京·

内容简介

《自然语言处理的 Python 实践》通过 5 章内容深入解读了自然语言处理（NLP）的文本数据处理方法和行业实际应用。其中讨论了文本数据的根本问题所在和在文本数据中如何提取信息、提取哪种信息等，同时通过第 2~5 章，重点讲解了客户服务行业、在线评论、银行与金融服务及保险行业、虚拟助手四大 NLP 重点领域的实际应用方法，其中详细解读了意图挖掘、基于 ML 的监督学习、情感分析与挖掘、Word2Vec、CBOW、LSTM、编码器－解码器模型框架和当今 NLP 领域解决问题效果最好的 BERT 模型等关键技术方法。内容全面，案例真实。本书案例均直接深入到各行业，读者在阅读学习过程中，能通过书中相应的代码和案例思路，真正解决实际工作中遇到的问题。

本书适合各个行业自然语言处理方向的技术人员阅读学习，也适合开设自然语言处理课程的院校师生及计算机专业教学参考使用。

Practical Natural Language Processing with Python: With Case Studies from Industries Using Text Data at Scale, 1st edition/by Mathangi Sri
ISBN: 978-1-4842-6245-0
Copyright © Mathangi Sri, 2021
This edition has been translated and published under licence from APress Media, LLC, part of Springer Nature.
APress Media, LLC, part of Springer Nature takes no responsibility and shall not be made liable for the accuracy of the translation.

本书中文简体字版由 APress Media, LLC, part of Springer Naturee 授权化学工业出版社独家出版发行。

本书仅限在中国内地（大陆）销售，不得销往中国香港、澳门和台湾地区。未经许可，不得以任何方式复制或抄袭本书的任何部分，违者必究。

北京市版权局著作权合同登记号：01-2022-2625

图书在版编目（CIP）数据

自然语言处理的 Python 实践 /（印）马坦吉•斯里（Mathangi Sri）著；吴伟国译. —北京：化学工业出版社，2022.8
书名原文：Practical Natural Language Processing with Python
ISBN 978-7-122-41298-0

Ⅰ.①自… Ⅱ.①马… ②吴… Ⅲ.①软件工具-自然语言处理 Ⅳ.①TP311.56②TP391

中国版本图书馆 CIP 数据核字（2022）第 069679 号

责任编辑：雷桐辉
责任校对：刘曦阳
装帧设计：王晓宇

出版发行：化学工业出版社
（北京市东城区青年湖南街 13 号　邮政编码 100011）
印　　装：大厂聚鑫印刷有限责任公司
710mm×1000mm　1/16　印张 14½　字数 228 千字　2022 年 9 月北京第 1 版第 1 次印刷

购书咨询：010-64518888
售后服务：010-64518899
网　　址：http://www.cip.com.cn

凡购买本书，如有缺损质量问题，本社销售中心负责调换。

定　　价：99.00 元　　　　　　　　　　　　　　　　版权所有　违者必究

致我的爱女萨哈娜

她那如饥似渴的学习精神每天都在激励着我

作者简介

Mathangi Sri 是印度著名的数据科学领导者。她在客户直观体验、室内定位和用户预置文件等方面拥有 11 项授权专利和 20 余项已公开专利,在构建国际一流的数据科学解决方案与产品方面拥有 16 年以上的专业技术工作经验和业绩。她擅长机器学习、文本挖掘以及 NLP 技术与工具。她曾为花旗银行(Citibank)、汇丰银行(HSBC)和通用电气(GE)等大型机构以及 247.ai、PhonePe 和 Gojek 等科技创业公司组建了数据科学团队,为创业公司、企业和风险投资家们提供数据科学方面的战略与技术路线咨询。同时,她也是印度多所高等院校与研究机构的机器学习领域的积极贡献者。2019 年,她被印度国家律师协会授予"非凡女性"荣誉称号。

审稿人简介

Manohar Swamynathan 是一位数据科学专家,也是一名热衷于计算机程序的程序员。他在多个不同的数据科学相关领域拥有超过 14 年的从业经验,这些领域包括数据仓库、商业智能、分析工具开发、即席分析、预测建模、数据科学产品开发、咨询、战略制定和执行分析编程。他的职业生涯涵盖了不同领域数据的生命周期,如美国银行抵押贷款、零售/电子商务、保险和工业物联网。他还从事过 Python 语言、R 语言用于数据科学方面书籍的技术评审工作。他拥有物理学、数学和计算机专业的学士学位,以及项目管理的硕士学位。他目前居住在印度硅谷班加罗尔。

致谢

我要感谢我的丈夫萨蒂什。在写本书的过程中,我与他就技术和业务用例进行了多次头脑风暴。我还要感谢 Apress 出版社团队,他们对本书内容进行了充分的审核和指导,在与他们一起工作的过程中,我从中学到了许多新概念。最后,感谢所有我有幸与之一同工作和学习的人。

前言
PREFACE

我很幸运能够有机会接触和解决复杂的 NLP(自然语言处理)问题,并且涉及不同地域的各个行业。这本书源自我的学习,因而是以一个实践者的视野来看待解决文本问题的。解决 NLP 问题涉及一定的创造力,并且要与技术知识结合起来。有时,有些问题采用最好的深度学习方法解决不了,用简单的方法反而能解决。因此,我总是想起奥卡姆剃刀原理,它指出,如果存在多个可选的解决方案,那么最简单的那个可能是解决问题最好的方案。

在我看来,解决任何问题都离不开数据,这也是本书要在第 1 章讨论文本数据的根本原因所在,该章全面讲述不同类型的文本数据,以及可以从这些数据中提取的信息。第 2、3、4 和第 5 章重点介绍不同行业以及这些行业面临的常见的文本挖掘问题。在这些章节中,不仅包含文本挖掘的用例,同时还将介绍相应的文本挖掘概念以及相关的代码和 Python 库。

第 2 章简要介绍客户服务行业,并对会话语料库进行深入分析。这一章重点强调可以从会话语料库中提取的各种类型的信息,同时提供详细的代码,还将详细介绍词袋模型(bag of words)、向量化、基于规则的方法以及有监督的学习方法。

第 3 章聚焦一个非常流行的文本挖掘用例:评论挖掘。在这一章中将全面而深入地研究情绪分析和意见挖掘,包括使用无监督技术和有监督技术进行情绪分析,并进一步讲述用于情感分析的神经网络。

第 4 章对应用于银行、金融服务和保险行业的 NLP 技术进行概述,以往的传统银行业务使用结构化数据来驱动决策,近来,文本用例正在这个领域进行探索,该章将对其中的一个用例进行详细讨论,并且使用无监督技术和嵌入式神经网络(embedding based neural networks)详细探讨命名实体识别器(named entity recognizers)。

第 5 章重点讨论虚拟助手,探索如何用最先进的神经网络结构构建网上机器人的技术,并介绍自然语言生成的概念。

第 1 章 数据类型 001

- 1.1 搜索 002
- 1.2 评论 003
- 1.3 社交媒体中的帖子/博客 005
- 1.4 聊天数据 006
  - 1.4.1 私人聊天 006
  - 1.4.2 商务聊天和语音通话数据 007
- 1.5 SMS（短信）数据 008
- 1.6 内容数据 009
- 1.7 IVR（交互式语音应答）话语数据 010
- 1.8 数据中的有用信息 010

第 2 章 NLP 在客户服务中的应用 013

- 2.1 语音通话 014
- 2.2 聊天 015
- 2.3 票证数据 016
- 2.4 邮件数据 016
- 2.5 客户需求 018
  - 2.5.1 意图挖掘 018
  - 2.5.2 意图理解的热门词汇 019
  - 2.5.3 词云 021
  - 2.5.4 主题分类规则 024
- 2.6 基于机器学习的监督学习 028
  - 2.6.1 获取人工标记的数据 028

目录
CONTENTS

    2.6.2　分词　030
    2.6.3　文档词条矩阵　031
    2.6.4　数据标准化　035
2.7　替换某些模式　036
2.8　识别并标注问题所在的行　040
2.9　热门客户查询　041
2.10　热门客户满意度（CSAT）驱动器　043
2.11　热门净推荐值（NPS）驱动器　045
2.12　深入了解销售对话　050
    2.12.1　销售对话中的热门产品　050
    2.12.2　未交易的原因　051
    2.12.3　调查评论分析　052
    2.12.4　挖掘语音记录　052

第 3 章　NLP 在在线评论中的应用　059

3.1　情感分析　060
3.2　情感挖掘　061
3.3　方法 1：基于词典的方法　062
3.4　方法 2：基于规则的方法　066
    3.4.1　观察结果 1　066
    3.4.2　观察结果 2　067
    3.4.3　观察结果 3　067
    3.4.4　观察结果 4　068
    3.4.5　总体得分　069
    3.4.6　处理观察结果　070

3.4.7	情绪分析库	085
3.5	方法 3：基于机器学习的方法（神经网络）	086
3.5.1	语料库的特征	087
3.5.2	构建神经网络	091
3.5.3	加以完善	093
3.6	属性提取	093
3.6.1	步骤 1：使用正则表达式进行规范化	095
3.6.2	步骤 2：提取名词形式	097
3.6.3	步骤 3：创建映射文件	098
3.6.4	步骤 4：将每个评论映射到属性	100
3.6.5	步骤 5：品牌分析	101

第 4 章
NLP 在银行、金融服务和保险业（BFSI）的应用

109

4.1	NLP 之于风险控制	110
4.1.1	方法 1：使用现有的库	111
4.1.2	方法 2：提取名词短语	113
4.1.3	方法 3：训练自己的模型	115
4.1.4	模型应用	142
4.2	NLP 在银行、金融服务和保险业的其他应用案例	157
4.2.1	短信数据	157
4.2.2	银行业的自然语言生成	158

第 5 章
NLP 在虚拟助手中的应用
163

5.1	网络机器人（Bot 程序）种类	164
5.2	经典方法	165
	5.2.1　LSTM 概述	169
	5.2.2　LSTM 的应用	173
	5.2.3　时间分布层	174
5.3	生成响应法	178
	5.3.1　编码器 - 解码器模型框架	179
	5.3.2　数据集	180
	5.3.3　框架的实现	180
	5.3.4　编码器 - 解码器模型框架的训练	189
	5.3.5　编码器输出	192
	5.3.6　解码器输入	192
	5.3.7　预处理	195
	5.3.8　双向 LSTM	200
5.4	BERT（基于转换器的双向编码表征）	202
	5.4.1　语言模型和微调	202
	5.4.2　BERT 概述	203
	5.4.3　微调 BERT 以构建分类器	208
5.5	构建网上对话机器人的更多细微差别	211
	5.5.1　单轮对话和多轮对话的比较	211
	5.5.2　多语言网上机器人	213

Practical Natural Language Processing with Python
With Case Studies from Industries Using Text Data at Scale

第 1 章

数据类型

1.1 搜索
1.2 评论
1.3 社交媒体中的帖子/博客
1.4 聊天数据
1.5 SMS（短信）数据
1.6 内容数据
1.7 IVR（交互式语音应答）话语数据
1.8 数据中的有用信息

自然语言处理（natural language processing，NLP）是一个帮助人类与计算机进行自然交流的领域。目前我们所处的时代正在经历一个从人类必须"学习"使用计算机，到计算机被训练成可以理解人类的转变。NLP 是人工智能（AI）中研究如何处理语言的一个分支，这一领域可以追溯到 20 世纪 50 年代，当时机器翻译领域已经开展了大量研究。艾伦·图灵（Alan Turing）曾预言：到 21 世纪初，计算机技术将发展到能够完美地理解和响应自然语言，甚至将达到你无法区分开人类和计算机的程度。然而，目前 NLP 技术的发展距离艾伦·图灵所预言的目标还很遥远。不过，也有些人认为如此衡量目前 NLP 领域所取得的成就并不合适，NLP 技术已在许多成功运营的行业中发挥着重要作用。很难想象，当今若没有 Google 搜索、Alexa、YouTube 推荐等媒介的帮助，人们的生活会是什么样子！如今，NLP 的技术发展已愈发宽广，可谓无处不在。

为更好地理解人工智能的这一分支，让我们从基础知识开始。首先，数据是任何数据科学领域的基础，因此，理解文本数据及其各种形式是进行自然语言处理的核心。让我们从商业惯例的角度出发，从一些日常最常见的文本数据来源开始：

- 搜索
- 评论
- 社交媒体中的帖子／博客
- 聊天数据（企业对消费者 & 消费者对消费者）
- SMS（短信）数据
- 内容数据（新闻／视频／书籍）
- IVR（交互式语音应答）数据

1.1 搜索

从客户的角度来看，搜索是最为广泛地利用数据源获得信息的常用方式之一。所有搜索引擎的搜索，无论是通用搜索引擎，还是在网站或 App（应用程序）内的搜索，都使用核心索引、检索和相关性排名算法。

搜索，也称作查询，通常由两个或三个词组成的短句组成。搜索引擎的搜索结果是近似的，搜索到的结果未必会与客户想要的结果完全契合。对于查询，总会给出多个选项作为"中间结果(过程)",然后通过用户界面将查找答案的责任转嫁到用户身上。数一数你因对搜索结果不满意而修改查询用关键词的次数,你可能不会把对查询结果的不满怪罪到搜索引擎的搜索性能上,因为你的注意力集中在修改查询用的关键词上。

1.2 评论

评论可能是被分析、研究得最为广泛的数据。由于这类数据是公开的且是可获得的,或者易于通过网络爬虫设法爬取到的,因此这类数据被许多机构所使用。评论实质上是非常自由流畅但纷杂、非结构化的。评论挖掘是诸如亚马逊(Amazon)、Flipkart、易贝(eBay)等电子商务公司的核心。像互联网电影资料库(IMDB)和猫途鹰(Tripadvisor)这样的互联网公司旗下的评论网站也是以评论数据为核心的。还有其他的组织机构和供应商为这些公司所收集的评论提供见解。如图1-1所示为评论数据样本。该样本来源于右方二维中网址1-1。

第1章
网址合集
(扫码下载
文档获取)

Amit
Top 500 评论员
3颗星(最高为5颗星)
好的扬声器,差的软件
2018年10月20日
颜色:灰色 配置:Echo Dot(单件装)已确认购买
硬件和扬声器是非常好的。但是,亚马逊在软件上存在很多缺陷。它在70%~80%的时间无法理解你的命令,且仅局限于亚马逊音乐和saavn。你无法使用诸如wynk, gaana, youtube等任何更好的音乐App。
尽管谷歌的产品也支持自然语言处理,但在这个echo中却并不支持。
例如,当你说:
1)阿格拉在哪儿? 它能给你正确的答案
2)继续下一个询问,比如如何到达那里?
对于第二个查询,它不知道该做什么……
这只是一个例子,但你会遇到更多的此类问题。
然后你就无法连接其他流行音乐之类的App了,要想继续下去,就只能依赖于亚马逊认可的操作系统(OS)。
亚马逊音乐的音乐资源非常有限。因此,期待获得更多的权限和与alexa的集成,但并不抱多大希望,因为它已经是一个如此老旧的平台了,我想,如果他们有任何关于此类问题的意识和打算,他们理应给予支持并去解决。

图1-1 Amazon 评论示例

请注意，上述评论强调了对用户而言至关重要的几个特征：产品（音乐）的范围、搜索效率、扬声器及用户情绪。同样，我们也调查了解了用户的一些情况，比如他们关注哪些 App。我们还可以通过用户的客观或主观程度来进一步加以分析。

作一个简短而有趣的练习，请看如图 1-2 所示的来自 Amazon 的长评论，你可以按照如下类别列出你从该评论中所提取到的信息：产品特点、情绪、用户信息、用户情绪，以及用户是否是购买者。

DANNEL（丹尼尔）
Top 500 评论员
3颗星（最高为5颗星）
极好的机器设备–2018/06/26 更新–24个月后追评（24 Months Review!）
2016年6月15日
经核实购买
这是我的第一台前端式装载机。我已经使用了一段时间，我可以告诉你它太棒了！它超级静音，振动非常小，以至于不特别注意的话，是根本感受不到的。它有前置式装载机该有的所有清洗模式。如果你对季风模式感到好奇的话，它可以用来清洗被雨水浸泡过的有气味的衣服。我特别喜欢"鼓清洁"模式，该模式下机器维护更容易，而且尺寸大小正合适。灰色外观看起来很棒！机器的质量是一流的！
每当你需要清理机器底部或者出现问题需要调整机器的时候，你可以使用手推车移动机器。此外，还可以保护机器免受外部漏水的影响。但一定要使用高质量的支架，这一点非常重要，否则可能会因过于剧烈的振动而损坏机器！请注意：德国博世公司（Bosch）不建议使用支架！使用支架将使保修失效。如果你的电源有电压不稳方面的问题，则必须安装稳压器或峰值保护器。安装水过滤器也很重要，因为一些固体颗粒物可能会进入机器内部从而导致机器维修困难。
应一贯使用耐压能力高达8升每分钟水压的水龙头接头。入口处的橡胶密封垫一定要擦拭干净，以防密封垫霉烂而密封失效。如有必要，可用白醋清洗密封垫，白醋有助于去除异味和霉菌。洗完衣物后打开门晾置几个小时，这样可以使滚筒内的水分被干燥出去。最后，按照厂家提供的使用说明书和维护手册正确使用机器，以延长机器的使用寿命。
经过大量研究，总的来说，我发现包括Bosch在内的所有前置式装载机所用的技术并不都是完备的。事实上，对美国前置式装载机制造商不利的几个案例正在审理中，因为这些美国制造仍在继续使用这种不完备的技术，而这些技术的产品并没有使消费者的生活变得更轻松。现在你可能想知道这到底是怎么回事！其实全部与维护有关！有许多问题是由制造缺陷引起的。这些前置式装载机很容易发霉，也有一些人甚至报告了诸如滚筒生锈之类的问题！当然，业主维护不当也会导致这些问题。请注意！印刷电路板（PCB）可能会因粗暴地使用机器控制装置（按钮和表盘）或操作不当而损坏。印度的电力尖峰波动和电压过低是大多数业主的PCB被烧毁的最大原因，更换PCB非常昂贵（费用为10,000印度卢比），这是一笔极其高昂的维护费，甚至于可以放弃维修，因为买一台新机器可能都比维修现有的问题机器更便宜（如果滚筒出现问题）。我想要告诉大家的是：在机器维护、维修方面，大家务必要小心谨慎！

图1-2 从这篇评论中提取一些数据

1.3 社交媒体中的帖子/博客

社交媒体的帖子和博客被广泛地研究、提炼和分析,就像评论一样。推特(Twitter)和微博一般都很短,因此看起来易于提取数据。然而,根据使用情况的不同,推文可能带有很多无关紧要的信息。根据经验,平均每 100 条推文中只有 1 条包含某个我们感兴趣的指定概念下的有用信息。在针对所用推特数据的类型进行情感分析的情况下尤其如此。在某篇研究情感分析的学术论文中,在收集相关主题下的推文后,发现只有 20% 的英文推文和 10% 的土耳其推文是有用的。这篇论文的网址见右方二维码中网址 1-2。

因此,在大量的推特语料库和文献中找到合适的推文是成功挖掘推特或脸书(Facebook)帖子的关键。让我们以右方二维码中网址 1-3 为例:

第 1 章 网址合集

- ☑ Camera: pixel 3
- ☑ Setting: raw, 1...https://t.co/XJfDq4WCuu
- ☑ @Google @madebygoogle could you guys hook me up with the upcoming Pixel 4XL for my pixel IG. Just trying to stay ah...https://t.co/LxBHIRkGG1
- ☑ China's bustling cities and countryside were perfect for a smartphone camera test. I pitted the #HuaweiP30Pro again...https://t.co/Cm79GQJnBT
- ☑ #sun #sunrise #morningsky #glow #rooftop #silohuette madebygoogle google googlepixel #pixel #pixel3 #pixel3photos...https://t.co/vbScNVPjfy
- ☑ RT @kwekubour: With The Effortlessly Fine, @acynam 📷 x Pixel 3
- ☑ Get A #Google #Pixel3 For $299, #Pixel3XL For $399 With Activation In These Smoking Hot #Dealshttps://t.co/ydbadB5lAn via @HotHardware
- ☑ I purchased pixel 3 on January 26 2019 i started facing call drops issue and it is increasing day by day.i dont kn...https://t.co/1LTw9EdYzp

正如这个例子中所看到的,它显示了有关 Pixel 3 推文的示例,内容涉及交易、手机评论、手机拍摄的令人惊叹的照片、等待 Pixel 4 发布的人,等等。但是,如果你想了解与 Pixel 3 相关的评论,那么这 8 条推文中只有 1 条是相关的。

帖子中可以包含关于某个话题的强有力的信息。在上述 Pixel 3 的例子中,可以找到如下内容:最被喜欢或不被喜欢的功能、位置对话题的影响、感受随时间的变化、广告的影响、对 Pixel 3 的广告的感知,以及什么样的用户喜欢或不喜欢该产品,等等。可以将推特作为各种事件的"领导指标"

进行挖掘。例如，如果出现了关于某家公司的重大新闻，则可以对该公司的股价进行预测。发布在左侧二维码中网址 1-4 的学术论文论述了如何使用 Twitter 数据关联英国在地方选举之前、期间和之后的 FTSE 指数（金融时报证券交易所指数，伦敦证券交易所 100 家资本化程度最高的公司的指数）的走势。

1.4 聊天数据

1.4.1 私人聊天

私人聊天是由 WhatsApp 或 Facebook 或任何其他通信服务软件为代表的日常语料库。毫无疑问，这是了解用户行为的最丰富的信息源之一，更大的信息源则是用户的朋友圈和家庭圈。就像你在推特数据上看到的那样，这样的信息源中充斥着很多需要被剔除掉的无用信息。语料库中仅一小部分信息与你想要提取的有用商业信息有关。有商业利用价值的信息发挥作用的频率并不是很高。也就是说，其"信噪比"低。左测二维码中网址 1-5 上发表的这篇论文研究了取自各种 WhatsApp 聊天中公开提交的数据，图 1-3 给出了经 WhatsApp 群组分析得到的 WhatsApp 词云。

图1-3　WhatsApp词云

此外，通信应用软件的数据隐私原则可能禁止商业目的的个人聊天记录挖掘。而一些个人聊天功能允许企业与用户互动，对此，将在下一节中进行介绍。

1.4.2 商务聊天和语音通话数据

商务聊天，也被称为即时聊天或在线聊天，是消费者与商家或企业在其网站或应用程序（App）上进行的对话。通常，消费者会向客户支持代理（客服代表）询问自己在使用其产品或接受其服务时遇到的问题，也可能在决定是否购买之前进行产品的咨询。商务聊天包含的信息量相当丰富，远胜于用户的商业偏好。请看表1-1给出的聊天示例：

表1-1 聊天示例

系统	感谢您选择Best Telco。客户代表将很快与您联系。
系统	您现在正在与Max聊天。
客户	嗨！Max。
代理	感谢您联系Best Telco，我叫Max。
代理	您好，Sara女士，您提供了XXXXXXX作为与您的账户相关联的电话号码，请问这些信息是正确的吗？
客户	是的，正确。我刚刚收到一封电子邮件，说我的服务价格要上涨到70美元每月，但在你们的网站上，这个价格仅为30美元，这是怎么回事？
代理	感谢您提供的信息，Sara女士。
代理	很抱歉听到涨价的消息，我们的计费部门可以核实一下价格的变化。
客户	我需要找谁谈这件事？
代理	我将向您提供计费部门的号码。抱歉！
客户	谢谢！
代理	计费部门的号码是：XXXXXXXX，星期一到星期五营业的营业时间：东部时间上午8:00到下午6:00；星期六/星期天/假日：不营业
客户	好的，谢谢！再见。

从上述语料库中可以清晰地获取大量的信息。用户名、他们的问题、用户对电子邮件的反应、用户对价格的敏感度、用户的情绪、代理的礼仪、聊天结果、代理提供的解决方案，以及Best Telco中的不同部门。

另外，请注意数据是如何展开的：它是来自客户的自由流文本，但代理在引导聊天中起着关键作用。在最初的几行对话中客户与代理谈论了出现的问题，然后代理提出解决方案，在聊天快结束时，客户收到一个最终答案，并表达他们的情感（在本例中是积极的）。同样的交互也可以发生在语音通话中，其中客服与用户进行交互以解决客户所面临的问题。语音通话和聊天数据之间的所有特征几乎都是相同的，只是在语音通话中，原始数据是音频文件，该音频文件首先经语音识别处理成文本，然后使用文本挖掘方法对其进行数据挖掘。在客户通话结束时，代理将通话的摘要记录下来，这些记录作为备注也被称为"代理通话记录"，将用于语音通话分析。

1.5　SMS（短信）数据

短信作为人与人之间最好的通信方式，全球普及率已达35%。短信作为一种交流渠道，拥有最高的开通率（开通并使用短信的人数与收到短信的人数的比值），是电子邮件开通率的5倍（左侧二维码中网址1-6）。美国人平均每人每天收到33条短信（左侧二维码中网址1-7）。许多App公司（即应用程序业务公司）通过获取用户短信并从中挖掘数据来不断完善用户体验。例如，ReadItToMe❶之类的App会读取用户在驾驶车辆期间所收到的所有短信。Truecaller❷则会读取短信并将其分为垃圾短信和非垃圾短信。Walnut❸会根据用户收到的短信为用户提供消费服务与建议。

仅通过查看有关交易性的短信数据，就可以提取出大量的用户信息：用户的收入、支出、消费类型、网络购物的偏好等。如果只分析业务消息，那么数据源就会更加清晰而呈结构化，如图1-4所示。

如果企业或商家在发短信时遵循一个模板，那么数据源会更加清晰和结构化。以下面的短信为例，显而易见，该数据集中无用的、干扰性的信息很少，且清晰的信息也以清晰的方式得以呈现出来。虽然不同的信用卡公司可以提供不同风格样式的信息，但与自由交流式的客户文本相比，提取信息就变得更加容易。

---

❶ 一款代替用户亲手打开手机短信，并以语音将短信内容播报给用户的免费软件，该软件为当时正在开车或处于工作中不便即时查看手机之类的用户提供代替查看手机之便利。——译者注
❷ 一款非常实用的智能防骚扰拨号的通信应用软件。——译者注
❸ 一款出示城市私人空间预订的移动应用平台软件。它可为用户选择周边光亮舒服有Wi-Fi的独立空间，随时随地满足用户的一切办公、游戏娱乐和歇息等要求。——译者注

图1-4　Walnut App的截屏（右方二维码中网址1-8）

信用卡******1884的迷你对账单。应付总金额：4813.70卢比。最低应付金额：240.69卢比。应付款日期2019年9月19日。请参阅您的对账单以获取更多详细信息。

1.6　内容数据

在我们的生活中，数字内容正在激增。在线新闻、博客、视频、社交媒体和在线书籍都是我们日常生活中消费的主要内容类型。根据右方二维码中网址1-9统计，一个消费者每天平均花费8.8小时来消费数字类内容产品。以下是数据科学家提出的为使文本挖掘技术实用化而需要解决的关键问题：

- 内容聚类（相似性分组）
- 内容分类
- 实体识别
- 分析用户对内容的评论
- 内容推荐

其他关键数据（如用户对内容本身的反馈）则更需结构化：点赞次数、分享次数、点击次数、花费时间等。通过将用户偏好数据与内容数据相结合，我们可以了解到很多可供参考的用户信息，包括生活方式、生活阶段、爱好、兴趣、收入水平等。

1.7　IVR（交互式语音应答）话语数据

IVR 是英文 Interactive Voice Response 的缩写，中文意思为交互式语音应答。IVR 是以语音通话的方式通过各种菜单选项来帮助用户导航的系统。据估计，到 2023 年，IVR 市场规模将达到 55 亿美元（左侧二维码中网址 1-10）。基于自然语言的 IVR 是一种先进的 IVR 系统，它用类似机器人的界面帮助客户找到问题的解决方案。这里给出了一个 IVR 转录示例，如图 1-5 所示。

> **IVR机器人**：你好，欢迎来到XYZ银行。有什么可以帮助您的吗？您可以说"我的余额是多少""我的卡没有通过"等类似的问题。
> **用户**：嘿，我在一家零售店里无法使用我的卡了。
> **IVR机器人**：请提供您的卡号以便核实。
> **用户**：XXXXXXXX
> **IVR机器人**：谢谢您！已核实。由于您的卡长期搁置未用，已被停用。我可以先帮您激活您的卡吗？
> **用户**：可以，谢谢。
> **IVR机器人**：您的卡已激活，您可以继续进行交易。
> **用户**：谢谢，太好了！

图1-5　IVR转录示例

IVR 话语通常很短，用户知道自己是在和机器人对话，所以用户倾向于尽可能说简短的句子。由于这些话语都是直奔主题的，因此我们无法得到用户的其他特点或偏好信息，除非用户遇到了问题。与之前看到的其他数据类型示例相比，这个 IVR 话语数据示例是一个更加结构化了的文本。

1.8　数据中的有用信息

在详细描述了前述不同类型的数据及其应用之后，汇总出各种数据源的有用信息价值以及从中提取数据的难易程度的图示结果，如图 1-6 所示。有用信息价值是指可以从数据中提取的、有关用户的信息对某组织机构有用程度大小的衡量。提取数据的难易程度则是对处理文本语料库自身特性难易程度的衡量。

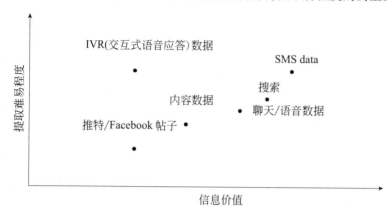

图1-6　用户信息价值和提取的难易程度

Practical Natural Language Processing with Python
With Case Studies from Industries Using Text Data at Scale

第 2 章
NLP 在客户服务中的应用

2.1 语音通话
2.2 聊天
2.3 票证数据
2.4 邮件数据
2.5 客户需求
2.6 基于机器学习的监督学习
2.7 替换某些模式
2.8 识别并标注问题所在的行
2.9 热门客户查询
2.10 热门客户满意度（CSAT）驱动器
2.11 热门净推荐值（NPS）驱动器
2.12 深入了解销售对话

客户服务是一个价值数十亿美元的行业。据估计，全球不良客户体验的成本高达 1 万亿美元（左侧二维码中网址 2-1）。客户服务最早起源于 1960 年代的呼叫中心（也称客服中心、电话中心）。随着客户服务需求的不断增长，如今，客户服务已成为所有消费者组织机构的重要组成部分。客户可以通过网络、应用程序、语音、IVR 或电话等多种方式与这些组织机构进行联系。本章针对以聊天和呼叫的方式进行人工辅助的客户服务，讨论将 NLP 应用于客户服务所要解决的核心问题。

首先，从收集文本数据的各服务渠道来考察客户服务行业的数据结构。

2.1 语音通话

客户致电联络中心，公司的客户支持代理（也称客户服务代表）会回答客户提出的问题。在通话结束时，客户支持代理记下通话的性质、期间的所有票据，以及所做的决定。客户支持代理还可以填写与通话内容相关的某些表格。表 2-1 给出了通话数据样例。

表2-1　通话数据示例

通话id	开始时刻	结束时刻	代理通话记录	通话转接	代理姓名	客户调查评分	客户调查意见
424798	2019/11/12 1:09:38	2019/11/12 1:18:38	客户询问高额账单；做了解释；客户满意	否	Sam		
450237	2019/11/26 8:58:58	2019/11/26 9:13:58	减免费用；升级	否	Kiran		
794029	2019/4/26 8:23:52	2019/4/26 8:34:52	已发送付款链接	否	Karthik	3	通话中断……很有帮助
249311	2019/12/8 10:50:14	2019/12/8 11:02:14	xferred 转至 surperv	是	Megha		

分析代理的通话记录和客户调查意见。然后，将其与其他结构化数据一起综合分析就足以得出有关此通话的详细结论。

2.2 聊天

客户可以通过电子商务网页或手机 App 与客服聊天，如上一章中的聊天记录的示例。与通话类似，代理在与客户交互结束时被要求填写"代理处置表"。与语音通话相比，聊天中的代理处置表要稍微长些。代理可以执行多个任务，因而需要填写详细的聊天信息，这样就可以获得带有时间标记的行级文本数据。这里给出一个简短的聊天数据示例如表 2-2 所示。

表2-2 聊天数据示例

讲话者	单行文本	时间标记
系统	感谢您选择Best Telco。客户代表将很快与您联系。	5:44:44
系统	您现在正在与"Max"聊天。	5:44:57
客户	嗨！你好，Max。	5:45:03
客服代理	感谢您联系Best Telco，我叫Max。	5:45:14
客服代理	您好，我看到与我正在聊天的是Sara女士，并且您提供了XXXXXXX作为与您的账户相关联的电话号码，请问这些信息是正确的吗？	5:45:26
客户	是的，没错！我刚刚收到一封电子邮件，说我的服务费价格要上涨到70美元每月，但你们的网站上显示价格仅为30美元，请问这是怎么回事？	5:45:39

表 2-2 中这些数据通常会与以下其他数据一同被用来进行分析：

- 聊天的元数据。如平均处理时间、被转给另一位客服代表的聊天、聊天所在的网页等；
- 客服代理的元数据。例如其任期和以往的历史业绩等；
- 客服代理处置数据（由客服代理填写）。例如用户聊天的原因、已解决或未解决的问题、开出的票据等；

- 用户数据。如用户偏好、用户行为历史数据、用户与客服联系的过往历史等；
- 用户调查数据。如聊天结束时的用户评价和用户反馈的所有意见。

2.3 票证数据

票证一般是在客户致电或与客服聊天时创建的。在少数情况下，可能是由客户自己直接在网页或应用程序上创建。表 2-3 简要展示了票证数据。票证数据可能比上述两个渠道的数据更加结构化。这里的非结构化文本是客服注释，在某些情况下，它以相当简洁的形式说明采取了哪些操作，这使得这些注释没有那么有用。

表2-3　票证数据示例

票证id	类别	子类别	客服注释	部门	状态	开票日期	完成日期
461970	维修	更换	发送给供应商	销售	关闭	2019/10/1 11:51:16	2019/10/1 11:51:16
271234	账单	免除	首次通话时关闭	CS	重开	2019/9/28 1:21:11	2019/9/28 1:21:11
356827	支付	失败	已呼叫并关闭	收款负责人	关闭	2019/12/23 8:06:24	2019/12/23 8:06:24
22498	网络	网络断续	网络很差	技术支持	开启	2019/8/10 11:22:03	

2.4 邮件数据

E-mail 中文称电子邮件，其性价比最好，是被广大用户普遍使用的客户支持渠道。表 2-4 给出的是从美国安然公司 Enron CSV 文件中提取到的 Enron 数据集（左侧二维码中网址 2-2）的一个样本示例。

表2-4 邮件数据示例

序号	日期	发送方	接收方	主题	X-To	X-cc	X-bcc	信息
0	2001/05/14 星期一 16时	phillip. allen@ enron.com	tim. belden@ enron. com		Tim Belden <Tim Belden/ Enron@ EnronXGate>			这是我们的预测。
1	2001/5/4 星期五 13时	phillip. allen@ enron.com	john. lavorato@ enron. com	回复	John J Lavorato <John J Lavorato/ ENRON@ enronXgate@ ENRON>			出差去参加商务会议会让旅行失去乐趣，尤其是当需要准备一份报告的时候。我建议在这里举行商务计划会议，然后在没有任何正式商务会议的情况下进行一次旅行。甚至我会尝试征求一些真实的意见。就商务会议而言，我认为在会期被期待的或者是必要的。就商务会议而言，我认为不同的小组中尝试讨论哪些方案有用和哪些无用会更有成效。大多时候，演讲者讨论的那些讨论会议效果可能会更好。如果以周末讨论发言而举行会议效果可能会更好。可以对高尔夫球、租滑雪艇和水上摩托。坐飞机去奥斯汀。可以对高尔夫太花时间。对于去哪里，我的建议是去奥斯汀。坐飞机去某个地方太花时间。
2	2000/10/18 星期三 03时	phillip. allen@ enron.com	leah. arsdall@ enron. com		Leah Van Arsdall			测试成功，干得好。
3	2000/10/23 星期一 06时	phillip. allen@ enron.com	randall. gay@ enron. com		Randall L Gay			Randy，你能把排班组里每个人的工资和级别的明细表发给我一份吗?你觉得所有需要改动的地方也一并加上（比如Patti S）。Phillip
4	200/08/31 星期四 05时	phillip. allen@ enron.com	greg. piper@ enron. com	回复	Greg Piper			我们把时间定在星期二的11:45吧。

表 2-4 是以各栏目的行列形式表示出来样本,而实际的数据集则包括:对应每条信息的一个信息 id(即信息标识)、以 .pst 作为扩展名的源文件、发件人字段等信息。

下一节中,将讲解客户支持系统软件中最常见的文本挖掘用例之一:客户需求(voice of customer,VOC)。VOC 分析可以是一个类似"仪表板"式的显示界面,也可以是一份提供客户意向和动态的,具有可操作性建设性意见或建议的报告。

2.5 客户需求

2.5.1 意图挖掘

意图是希望达到某种目的的计划,这里是指客户的诉求或想要使问题得到解决的计划。客户的意图是客户之所以联系公司或组织机构的根本原因。客户意图包括对支付失败、高额账单之类的问题所进行的投诉、退货查询等,不一而足。通过词云来理解语料库中的意图则是最简单、最快捷的方法。然而,意图通常是深层次的,要获得具有洞察力的见解和行之有效的办法,就需要获得一个准确通过词云将意图映射到每个聊天或语音交互的类别映射。在实践中,意图通常是需要通过规则或有监督算法来进行挖掘的。下面,让我们全面而详细地了解一下这个过程。先来看一个航空客户提出的一系列问题的数据集。

在进行深入研究问题之前,让我们先探讨一下这些数据。具体参见程序 2-1 和图 2-1。

程序 2-1　数据集程序示例

```
import pandas as pd
df = pd.read_csv("airline_dataset.csv",encoding ='latin1')
df.head()
df["class"].value_counts()
login 105
other 79
baggage 76
check in 61
greetings 45
```

```
cancel  16
thanks  16
```

	line	class
0	When can I web check-in?	check in
1	want to check in	check in
2	please check me in	check in
3	check in	check in
4	my flight is tomm can I check in	check in

图2-1 数据集示例

如图 2-1 所示，该数据集有两列，其中一列的内容是句子，另一列的内容是这些句子所属的类别，这些句子的类别是通过手工标记数据得到的。可以在程序 2-1 中看到，数据集中总共包括七个类别，其中包括"其他（other）"，这是一个笼统的总括性的综合类别，任何不能归入这六个类别的句子都被标记为"其他"。

2.5.2 意图理解的热门词汇

面对给定的句子语料库，可以通过提取语料库中最常用的词来理解消费者的重要意图。使用 NLTK 包[1] 来获取热门关键词。NLTK 中的 FreqDist 可以用来提供一组词中热门词汇的分布。首先需要将 panda 中的一系列句子转换为串联的单词字符串。在程序 2-2 中，可以使用 get_str_list 方法来完成这些工作。一旦将句子转换为上述格式之后，就可以通过 NLTK 进行分词，并将其提供给 FreqDist 包（程序 2-3）。

程序 2-2　以 get_str_list 方法获取串联单词字符串

```
def get_str_list(ser):
    str_all = ' '.join(list(ser))

    return str_all
df["line"] = df["line"].str.lower()
```

---

[1] 即 Natural Language Toolkit 的英文缩写，自然语言处理工具软件包，是 NLP 研究领域常用的一个 Python 库，由宾夕法尼亚大学的 Steven Bird 和 Edward Loper 在 Python 的基础上开发的一个模块，至今已有超过十万行的代码。这是一个开源项目，包含数据集、Python 模块、教程等。——译者注

```
df["line"] = df["line"].str.lstrip().str.rstrip()
str_all = get_str_list(df["line"].str.lower())

words = nltk.tokenize.word_tokenize(str_all)
fdist = FreqDist(words)
fdist.most_common()

[('in', 76),
('is', 36),
('baggage', 33),
('what', 32),
('check', 30),
('checkin', 30),
('login', 30),
('allowance', 29),
('to', 28),
('i', 27),
('hi', 26),
('the', 25),
('my', 22),
('luggage', 20),
```

程序 2-3　通过 NLTK 进行分词并提供给 FreqDist 包

```
import nltk
from nltk.probability import FreqDist
def remove_stop_words(words,st):
    new_list = []
    st = set(st)
    for i in words:
        if(i not in st):
            new_list.append(i)
    return new_list
list_all1 = remove_stop_words(words,st)
##we did not word_tokenize as the returned object is already in a list form
fdist = FreqDist(list_all1)

fdist.most_common()

[('baggage', 33),
('check', 30),
('checkin', 30),
```

```
('login', 30),
('allowance', 29),
('hi', 26),
('luggage', 20),
('pwd', 18),
('free', 17),
('username', 15),
```

如程序 2-2 所示，诸如 in、is 和 what 等很多最常用的单词却是不太有用的词。这些词在所有的句子中都是常用的，所以使用它们无法挖掘出任何有意义的意图，这样的词被称为"停止词"，也称"停用词"。停止词的列表通常可以在互联网上找到，也可以根据自己的目的编辑这些停止词。为了避免停止词成为最常用的词，在程序 2-3 中编写了一个代码段：导入一个名为 stop_words 的包，用 get_stop_words 方法列出指定语言的所有停止词，目的是将给定语料库中的停止词删除并清理文本。之后，再次应用 FreqDist 方法并检查输出的热门词汇分布。

可以在程序 2-3 清单中看到有与行李（baggage）、值机（checkin）、登录（login）等有关的查询。这与被标记的前六个类别中的三个相符。

2.5.3 词云

词云可以对你拥有的数据进行快速而粗略的查阅。词云技术能够让我们有效地使用所掌握的数据并且用已剔除停止词之后的一组句子生成一个词云。请使用 WordCloud 包❶（右方二维码中网址 2-3）和 matplotlib 包❷，通过 Python 编程将数据以图示的形式表达出来，形成词云图。但首先需要使用 pip install 这一安装包安装命令来安装前述的两个软件包，两者的安装代码如程序 2-4 所示。程序 2-5 是利用 WordCloud 和 matplotlib 制作一个词云的程序代码。图 2-2 为生成的词云图。

第 2 章
网址合集

---

❶ WordCloud 是一款 Python 环境下的词云图工具包，同时支持 Python2 和 Python3，能通过代码的形式把关键词数据转换成直观且有趣的图文模式。——译者注

❷ pands、matplotlib 等都是全球在用的主流数据分析库。matplotlib 是 Python 的一个绘图库，使用它可以很方便地绘制出出版质量级别的图形。——译者注

程序 2-4　安装软件包

```
!pip install wordcloud
!pip install matplotlib
```

程序 2-5　制作一个词云

```python
from wordcloud import WordCloud
import matplotlib.pyplot as plt
def generate_wordcloud(text):
    wordcloud = WordCloud(
            background_color ='white',relative_scaling = 1,
                        ).generate(text)
    plt.imshow(wordcloud)
    plt.axis("off")
    plt.show()
    
    return wordcloud
##joining the list to a string as an input to wordcloud
str_all_rejoin = ' '.join(list_all1)

str_all_rejoin[0:42]

'can web check-in ? want check please check'

wc = generate_wordcloud(str_all_rejoin)
```

图2-2　词云图

如图 2-2 所示，可以清晰地看到登录（login）、行李（baggage）、值机（checkin）等标题词，还有像"嗨（hi）"这样的问候语。即可以在这个词云中发现要探索的六个主题数据集中的前五个，这是一个很好的开始。但是，同时也会发现某些词在这个词云里重复出现，例如："嗨（hi）""值机（checkin）"和"密码（pwd）"，这是由语料库中的单词搭配造成的。搭配词语在一起出现的概率很高，例如："煮咖啡""做作业"等。可以通过关闭搭配来剔除这些搭配词语，从而在词云中只保留单个单词而不重复出现同样的单词。具体编程和执行结果分别如程序 2-6 和图 2-3 所示。

可以从 generate_wordcloud 函数返回的词云对象开始。

程序 2-6　除去搭配词语的词云

```
# 返回的 wordcloud 对象和相对分数
wc.words_{'login': 1.0,'
hi hi': 1.0,

'baggage': 0.782608695652174,
'checkin checkin': 0.782608695652174,
'free': 0.7391304347826086,

'pwd pwd': 0.6956521739130435,
'username': 0.6521739130434783,
'baggage allowance': 0.6521739130434783,
'password': 0.6086956521739131,
'flight': 0.5652173913043478,
'check checkin': 0.4782608695652174,
'checkin check': 0.4782608695652174,
'want': 0.43478260869565216,
'check': 0.391304347826087,
def generate_wordcloud(text):
    wordcloud = WordCloud(background_color ='white',
relative_scaling = 1,
    collocations = False,
).generate(text)
plt.imshow(wordcloud)
plt.axis("off")
plt.show()

return wordcloud
```

图2-3　经精炼后的词云

正如在图 2-3 中所看到的，将得到一个删除了搭配的词云，还可以看到问候语的重要性也降低了。

可以通过以上两种方法对热门主题进行估计，但是用这两种方法还无法确定某个给定句子的主题，它们也无法做到像手工标记过程那样提供主题的频率分布。

2.5.4　主题分类规则

另一种挖掘主题的方法是编写规则并对句子进行分类。在无法用机器学习的方法进行训练的情况下，这种主题分类规则十分常用。规则是以 if-then 的形式表达的，即形如：如果（if）某个句子包含单词 1 和单词 2，那么（then）它将属于某个主题。这些规则可以采用诸如含有"与（And）""非（Not）"或者三个单词连用"与（And）"等等的不同的形式。规则可用"或（or）"的条件连接在一起而成规则集。诸如 QDA Miner❶、Clarabridge❷ 和 SPSS❸，此类平台或工具软件可以用来编写和建立

---

❶ QDA Miner 是一个易于使用的定性数据分析软件包，也被称为质性分析软件包，主要用于编码、注释、检索和分析大量文档和图像。——译者注

❷ Clarabridge 帮助世界领先品牌对其所做的一切采取数据驱动、以客户为中心。Clarabridge 体验管理平台使用业界公认的人工智能支持的文本和语音分析，使品牌能够从每次客户互动中提取可操作的见解，以增加销售额、确保合规性并提高运营效率。——译者注

❸ Statistical Product and Service Solutions 的英文缩写，是"统计产品与服务解决方案"软件。最初软件全称为"社会科学统计软件包（Solutions Statistical Package for the Social Sciences）"，但是随着 SPSS 产品服务领域的扩大和服务深度的增加，SPSS 公司已于 2000 年正式将英文全称更改为"统计产品与服务解决方案"，这标志着 SPSS 的战略方向正在做出重大调整。SPSS 为 IBM 公司推出的一系列用于统计学分析运算、数据挖掘、预测分析和决策支持任务的软件及相关服务产品的总称，有 Windows 和 Mac OS X 等版本。——译者注

起规模强大的规则库。规则也可以包含句子的语法结构，例如名词、副词等。在程序 2-7、程序 2-8 以及图 2-4 中，可以用 Python 编写自己的文本挖掘规则引擎程序。规则文件中包含两类规则集：一类是以某个单词的出现作为规则，一旦在一个句子中出现了这个单词，那么它将被归为该类别。例如，如果"行李（baggage）"这个词在一个句子中出现了，则它就会被归入"行李"类别。另一类规则则是由被用一个"窗（window）"隔开的两个单词和将它们连接在一起的"and"组成的规则。实践表明：一般情况下，一个单词或两个单词的匹配可以涵盖各种各样的主题。例如，通过一个少于两个单词的分隔"窗"隔开规则"check"与"in"，就可以捕获一个像"check me in"这样的句子。规则文件中如果"窗（window）"列的值为 -1，则表示该窗不适用。还需注意的是：任何规则的"命中"（即得到匹配）都足以使一个句子得到映射。从这个角度来看，所有的规则都是通过"或"相互关联在一起的。

程序 2-7　文本挖掘规则

```
import pandas as pd
import re
from sklearn.metrics import accuracy_score

df = pd.read_csv("airline_dataset.csv",encoding ='latin1')
rules = pd.read_csv("rules_airline.csv")

def rule_eval(sent,word1,word2,class1,type1,window):
    class_fnl=""if(type1=="single"):
    if(sent.find(word1)>=0):
    class_fnl=class1else:
    
    class_fnl==""
    elif(type1=="double"):
    if((sent.find(word1)>=0) &(sent.find(word2)>=0)):
        if(window==-1):
        class_fnl==class1
    else:
        find_text = word1+ ".*" + word2
        list1 = re.findall(find_text,sent)
        for i in list1:
            window_size = i.count(' ')-1
            #print (word1,word2,window_size,sent,window)
            if(window_size<=window):
                class_fnl = class1
```

```
            break;
    else:
        class_fnl=""

    return class_fnl
```

程序 2-8

```
rules.head()
```

	word1	word2	class1	type1	window
0	check in	none	check in	single	-1
1	checkin	none	check in	single	-1
2	checking in	none	check in	single	-1
3	bag	none	baggage	single	-1
4	luggage	none	baggage	single	-1

图2-4 输出的文本挖掘规则

函数 rule_eval 接受句子和规则参数作为形参，并"计算"评价句子是否与规则相匹配，如果匹配，则将句子分配到相应的类别。对于"double"类型的规则，采用形如 Word1.* Word2这样的正则表达式，这是为了计算两个匹配词之间的单词数，如果单词数低于指定的窗口词数，则视为句子与规则匹配。程序代码和匹配结果分别参见程序 2-9 和图 2-5。

程序 2-9

```
df["line"]=df["line"].str.lower().str.lstrip().str.rstrip()
topics_list = []
for i,row in df.iterrows():
    sent = row["line"]
    for j,row1 in rules.iterrows():
        word1 = row1["word"]
        word2 = row1["word2"]
        class1 = row1["class"]
        type1 = row1["type"]
        window = row1["window"]
        class1 = rule_eval(sent,word1,word2,class1,type1,window)
```

```
        if(class1!=""):
            break;

    topics_list.append(class1)
df["topics"] = topics_list
df.loc[df.topics=="","topics"]="other"

df.head()
```

	line	class	topics
0	when can i web check-in?	check in	check in
1	want to check in	check in	check in
2	please check me in	check in	check in
3	check in	check in	check in
4	my flight is tomm can i check in	check in	check in

图 2-5　分配主题

将规则中指定的主题与数据集中的句子相匹配后，就可以将人工标注的类别和从规则中提取的内容进行比较。现在可以通过比较人工标签（类别）和规则所分配的主题来衡量上述练习的准确度。可以使用 scikit-learn 库[1]中的 accuracy（准确率计算函数）来计算主题分配的准确率。程序代码如程序 2-10 所示。

程序 2-10　scikit-learn 库中的 accuracy 方法

```
accuracy_score(df["class"], df["topics"], normalize=True, sample_weight=None)
0.7814070351758794
```

利用一些规则可以达到 78% 的准确率，然而这个数字还需要一些诸如 F 分数、混淆矩阵等的其他指标来进一步衡量，才能作为测试准确率的基准，这些指标将在下一节中详细介绍。若要提高主题分配的准确率，需要将错误信息打印输出，并据此修改相应的规则。

---

[1] scikit-learn 也称为 scikits.learn，简称 sklearn，是针对 Python 编程语言的免费机器学习库，它具有各种分类、回归和聚类算法，包括支持向量机、随机森林、梯度提升、k 均值和 DBSCAN，并且与 Python 数值科学库 NumPy 和 SciPy 联合使用。——译者注

2.6 基于机器学习的监督学习

规则方法的一个问题是它非常烦琐，而且可能过度拟合当前的数据，以至于可能无法判断它用于一个新的数据集上的准确性。随着类别数量的增加，规则也将变得更加复杂。此时，可以使用机器学习方法来学习这些样本数据模式，并使用得到的新模型对新数据集进行评分。机器学习是从历史数据中学习数据中存在的模式，历史数据就是用户所拥有的人工标记的数据。还记得之前为了改进模型而遵循的流程吗？是先打印出与人工标记相对比后找到的错误类别，然后分析错误的来源以纠正规则。监督学习也遵循一个与之相类似的过程，在最开始的时候预测一个输出类别，然后通过与人工标记的数据相比较，不断修正输出中的错误或偏差，直到错误或偏差达到最小化。下面将详细介绍有监督的文本挖掘过程。

2.6.1 获取人工标记的数据

在航空公司数据集中，人工标记的数据恰好相当于因变量数据类。人工标记，也称人工注释（或注文），也简称为标记，是一项十分耗时的工作。然而相比这项工作的成本效益来说，花费时间进行人工标记是值得的。目前有一些在线标记公司，例如 Mechanical Turks 等在提供标记服务。有时一个组织机构也会建立一个拥有质量控制过程的注释者团队来完成大规模的注释工作，也有各种被用于注释的工具软件被开发出来，例如 GATE（左侧二维码中网址 2-4）、LightTag（左侧二维码中网址 2-5）和 TagTog（左侧二维码中网址 2-6）等。GATE 是一个开源的文本挖掘工具，具有各种注释功能。图 2-6 所示为 GATE 工具软件的截屏示例，注释者将文本中特定的部分突出显示，并对突出显示的主题或单词进行注释。

不过，Microsoft Excel 或任何基于 Excel 的工具（如 Google 电子表格）也可以帮助解决注释问题，本书中的大多数注释都是通过 Excel 平台完成。一旦句子或单词被标记，就必须进行彻底的质量检查。人工标记的准确度应该在 90% 以上，当然，这个要求可以根据语料库的不同而改变。作为质量检查的一部分，监督者将检查注释者所作的标记；或者，可以通过让多个注释者同时对语料库进行标记的方法提高标记的准确性。为了在标记过程中达

图2-6　GATE工具软件的截屏示例

到质量要求，数据科学家需要确保以下工作要求：

① 清晰地定义本体。本体就是分类树，也就是主题列表。主题之间必须是相互排斥的，而对于整体而言必须是详尽的。无论是对于实现标记的高准确性，还是为在机器学习模型中得到高精度，清晰地定义本体都是一个重要的步骤。

② 提供示例。数据科学家的工作也包括提供每个类别的示例。

③ 处理类别间的冲突。有时两个句子可能会分属不同的类别，在这种情况下，应该明确定义解决冲突的方法。思考下面这个查询示例："我在登录时遇到了问题，我想付账。"如果目前有登录和付款两类标签可供选择，你将怎样处理这个查询文本的标记问题？

一旦获取了带有标记的数据，下一步就可以建立一个可以从底层数据中学习到其中蕴含或潜在某种模式的预测模型。对于一个给定的新句子，该模型应有能力对其所属的类别进行预测，这些底层模式的集合被称为预测模型。监督学习中的任何预测模型都有两个组成部分：因变量和自变量，在我们的例子中，标签是因变量，句子则是自变量。但是，机器学习模型不能接受单词形式的输入，这些单词或句子必须转换成数字。把一个单词转换成数字的第一步叫作分词。

2.6.2 分词

现在，有一组句子作为因变量，第一步是将它们转换为语言符号（token）或分析单位，语言符号可以是单词、句子或字符。首先获取语料库的语言符号，请参考程序 2-11 来理解标记句子的方法。

程序 2-11 语言符号

```
from nltk.tokenize import word_tokenize

str1 = "What a great show!"
str1.split()
['What', 'a', 'great', 'show!']

from nltk.tokenize import word_tokenize
word_tokenize(str1)
['What', 'a', 'great', 'show', '!']
```

如程序 2-11 所示，将句子分解为单词的最简单的方法是使用 split 函数。但是，split 函数不适用于特殊字符，而 NLTK 中的 word_tokenize 函数可以处理特殊字符。可以用程序 2-12 中出现的 sent_tokenize 函数将文本拆分为句子。

程序 2-12 句子拆分

```
sentences = "I am feeling great! It was a great show"
from nltk.tokenize import sent_tokenize
sent_tokenize(sentences)
['I am feeling great!', 'It was a great show']
```

有时可能还想按一定顺序分析单词。例如，"check in"所指的是一起发生的事情，如果单纯地将其分析为"check"和"in"，则会失去其原本的真实含义。为了在将句子转换为单词"语言符号"时尽可能多地保留原本的含义，还需要保留一些单词的顺序。因此，可以使用两个或三个单词的划分单元符号标记，而不是单个分词单元，它们分别被称为二元语法分词和三元语法分词，简称为二元分词和三元分词。程序代码如程序 2-13 所示。

程序 2-13 二元分词和三元分词

```
import nltk
text = "I want to check in asap"
bigram_list = list(nltk.bigrams(text.split()))
```

```
[' '.join(i) for i in bigram_list]

['I want', 'want to', 'to check', 'check in', 'in asap']
```

现在已经知道了如何分词，让我们把它应用到语料库中，并把句子分解成单词。

2.6.3 文档词条矩阵

现在对已有的句子列表应用分词操作，并获得输出，然后将这些输出作为因变量输入到机器学习模型中。目标是把这些文本转换成数字符号，最简单的方法是使用"词袋"法。此处，假设已从语料库中获取单词或语言符号列表，并将它们视为数据挖掘问题中的特征。现在假设有一个大小为 $N \times M$ 的矩阵，其中 N 是文档的数量（数据帧 dataframe 的长度），M 是语料库中所有不重复语言符号的数量。一开始，这些"单元格"（即矩阵各元素）中的词语可能存在也可能缺失。使用程序 2-14 中的代码执行此操作，程序运行后输出得到的结果如图 2-7 所示。

程序 2-14　词袋方法

```
def tokenize(sent1):
    return word_tokenize(sent1)
df = pd.read_csv('airline_dataset.csv',low_memory=False,encoding = 'latin1')
df["line"]=df["line"].str.lower().str.lstrip().str.rstrip()

### 对所有行进行分词
df["token_words"] = df["line"].apply(tokenize)
df.head()
```

Index	line	class	token_words
0	when can i web check-in?	check in	[when, can, i, web, check-in, ?]
1	want to check in	check in	[want, to, check, in]
2	please check me in	check in	[please, check, me, in]
3	check in	check in	[check, in]

图 2-7　词袋的输出

图 2-7 中的数据是为语料库中的所有文档生成并输出的带有"token"(即添加间隔符号)的字符串,现在请参阅程序 2-15、程序 2-16 和图 2-8。

程序 2-15　获取唯一的单词列表

```
### 获取无重复单词列表
list_all = []
for i in df["token_words"]:
list_all = list_all + i
list_words = list(set(list_all))
list_words[0:5]

['check', 'do', '20th', 'hello', 'monday']

### 初始化数组:行 =dataframe 的长度; 列 =不重复单词数
arr1 = np.zeros([len(df),len(list_words)])

### 循环遍历 dataframe,并将单词的出现标记为 1
for i,row in df.iterrows():
token_words = row["token_words"]
for j in token_words:
if (j in list_words):
k = list_words.index(j)
arr1[i][k] = 1
### 检查是否正确
get_non_zero = np.where(arr1[0]==1)
list_index = list(get_non_zero[0])
[list_words[i] for i in list_index]

['can', 'when', 'web', 'i']
```

程序 2-16

```
df_mat = pd.DataFrame(arr1)

df_mat.columns = list_words

df_mat.head()
```

图 2-8 是所创建的矩阵的快速可视化显示,这个矩阵被称为文档词条矩阵(term-document matrix)。请记住,在单元格中填充的 1 或 0 表示句子中某个单词的存在或不存在,也可以在单元格中填充句子中单词的出现频率。此外,请注意,在上述示例中,398 个文档的语料库共生成了 232 个特征。因此,可以在上

	dbgirwlkgg	goodevening	forgot	see	abcddef	sure	goodafternoon	late	night	carry	...	return	baggange	for	loggin	me	u
0	0.0	0.0	0.0	0.0	0.0	0.0	0.0	0.0	0.0	0.0	...	0.0	0.0	0.0	0.0	0.0	0.0
1	0.0	0.0	0.0	0.0	0.0	0.0	0.0	0.0	0.0	0.0	...	0.0	0.0	0.0	0.0	0.0	0.0
2	0.0	0.0	0.0	0.0	0.0	0.0	0.0	0.0	0.0	0.0	...	0.0	0.0	0.0	0.0	1.0	0.0
3	0.0	0.0	0.0	0.0	0.0	0.0	0.0	0.0	0.0	0.0	...	0.0	0.0	0.0	0.0	0.0	0.0
4	0.0	0.0	0.0	0.0	0.0	0.0	0.0	0.0	0.0	0.0	...	0.0	0.0	0.0	0.0	0.0	0.0

5 rows × 232 columns

图2-8　产生的文档词条矩阵

面的矩阵中看到大量的零。为使矩阵变得稠密，并且更适于机器学习模型的一种方法就是将那些对句子没有任何意义的单词删掉。在前面的练习中，学过了停止词（例如：and、not、the、a），将此类无用的词从特征列表中删除将会减小矩阵维数。

另一种降低冗余特征重要性的方法是对语料库中常用词的值进行反向加权。因此，向单元格即矩阵中各元素位置处填充数值时，希望"惩罚"那些在所有文档中都出现过的单词，则可以采用TF-IDF公式，通过数学运算来做到这一点——TF-IDF可以计算词频和逆文档频率。一个给定单词的统计数据表明：它比语料库中的其他单词更重要。那些出现在较少文档中的单词将具有较高的TF-IDF分数，而出现在所有文档中的单词将具有较低的TF-IDF分数。

① 该公式中的TF(词频)表示一个单词(符号或特征)在文档中出现的次数，该次数是根据文档中的单词数量进行标准化的。

$$TF(t) = (文档中词条出现的次数) / (文档中的总词条数)$$

② IDF(逆文档频率)表示给定单词在语料库中出现的次数。

$$IDF(t) = \lg(文档总数 / 包含词条的文档数)$$

③ 最终值由TF和IDF相乘得到。

考虑一个有1000个文档的语料库。假设单词"this"和"language"在语料库中的频率分别为500和50。也就是说，"this"一词出现在500份文档中，"language"一词出现在50份文档中。可以算出，"this"一词的IDF值为$\lg(1000/500) = 0.3010299957$；"language"一词的IDF值为$\lg(1000/50) = 1.301029996$。

考虑表2-5中的两个文档，并计算其中单词"this"和"language"的TF-IDF。

表2-5 计算TF-IDF

句子	TF (this)	TF (language)	IDF (this)	IDF (language)	TF-IDF (this)	TF-IDF (language)
this is a great piece written. this will be remembered	0.2	0	0.301	1.301	0.060	0.000
language models are very popular	0	0.2	0.301	1.301	0.000	0.260

现在回到编程实例实践学习,这里,将计算每个文档中每个特征的TF-IDF,并用它的值填充矩阵的单元格,即为矩阵"赋值"。在学过了文档词条矩阵之后,程序2-17给出了一个用scikit-learn库中的vectorizer方法生成相同矩阵的Python编程示例。

程序2-17 vectorizer方法

```
from sklearn.feature_extraction.text import TfidfVectorizer
tfidf_vectorizer = TfidfVectorizer(min_df=0.0,analyzer=u'word',ngram_range=(1, 1),stop_words=None)
tfidf_matrix = tfidf_vectorizer.fit_transform(df["line"])
tf1= tfidf_matrix.todense()

tfidf_vectorizer.vocabulary_

{u'03': 0,
 u'12th': 1,
 u'2017': 2,
 u'20th': 3,
 u'24th': 4,
 u'26th': 5,
 u'35': 6,
 u'65321': 7,
 u'abcddef': 8,
 u'abel': 9,
 u'able': 10,
 u'access': 11,
 u'account': 12,
 u'afternoon': 13,
 u'air': 14,..}

len(tfidf_vectorizer.vocabulary_),tf1.shape
(223, (398L, 223L))
```

```
tf1[0:10]
matrix([[0., 0., 0., ..., 0., 0., 0.],
 [0., 0., 0., ..., 0., 0., 0.],
 [0., 0., 0., ..., 0., 0., 0.]
 ,...,
 [0., 0., 0., ..., 0., 0., 0.],
 [0., 0., 0., ..., 0., 0., 0.],
 [0., 0., 0., ..., 0., 0., 0.]])
```

TfidfVectorizer对象有几个重要的参数来减小矩阵的稀疏性（也就是减少矩阵的列数）：

- mindf：某个单词在文档中出现的最小文档数。
- stop_words：是否提供停止词选项。

分析器可以是一个单词，也可以是字符，这取决于想要的语言符号类型。是要想办法解决的问题。

ngram_range选项提供了任何长度的 n 元语法（二元语法、三元语法等）。例如，可以使用 ngram_range(2,3) 使 token（语言符号）的范围从二元到三元。在获取 vectorizer（矢量器）对象后，将其应用到语料库中，可得到一个稀疏矩阵，然后这个稀疏矩阵可以被转换成为稠密矩阵。tfidf_vectorizer.vocabulary 命令将列出经 vectorizer 标记的语言符号集。正如所看到的，生成的一堆数字和日期可能不会为数据分析增加多少价值，但是如果将它们标准化为日期、月份等实体，它们也将会很有用。下一小节将介绍数据标准化。

2.6.4　数据标准化

数据标准化（也被称为数据规范化）通常包括使用正则表达式[1]使日期、时间和金额表达形式规范化通用化之类的技术。例如，可以将所有日期格式分组到一个"Dates(日期)"之类的单词中。同样，所有支付或收到的款项都可以用"Money（款项）"这个词代替。也可以重新标注类似的单词。例如，在前述的例子中，

---

[1] 在代码中用 regex，又称规则表达式，也可简写为 regexp 或 RE，是计算机科学的一个概念。正则表达式通常被用来检索、替换那些符合某个模式(规则)的文本。许多程序设计语言都支持利用正则表达式进行字符串操作，例如，在 Perl 中就内建了一个功能强大的正则表达式引擎。正则表达式这个概念最初是由 Unix 中的工具软件（例如 sed 和 grep）普及开的。——译者注

"Baggage（行李）"和"Luggage（行李）"意味着相同的东西，因此它们可以被一个单词替换。

数据标准化在以下两个方面有助于分析：一是使数据稠密化；二是为任何不可见的变化准备数据。例如，对于"我的航班在星期天，我想办理登机手续。"而言，如果你根据这个句子构建了一个模型，那么当"我的航班是星期五，我想办理登机手续。"之类的一个新的句子出现时，按照之前的那个句子所建立的那个模型对这个新句子的处理可能就不那么有效或者好用。对此，可以用一个尽可能通用的名称（如"Dayofweek"）替换任何这样的词（如"星期几"），使模型得以提升归纳能力，扩大其适用范围，模型自身也变得更加稳健。

2.7 替换某些模式

下面用几个例子来具体说明如何用正则表达式预处理句子。如果是使用正则表达式的新手，建议先学习有关正则表达式的快速教程，以熟悉语法，正则表达式程序示例如程序 2-18 所示。

程序 2-18　正则表达式

```
str1 = "I want to be there on 19th"
re.sub("[0-9]+th","datepp",str1)

'I want to be there on datepp'

str1 = "I want to be there on 23-05-18"
str2 = "I want to be there on 23-05"

import re
print (re.sub("[0-9]+[\/-]+[0-9]+[\/-]*[0-9]*","datepp",str1))
print (re.sub("[0-9]+[\/-]+[0-9]+[\/-]*[0-9]*","datepp",str2))
I want to be there on datepp
I want to be there on datepp
```

将正则表达式应用到语料库中进行语料的预处理，请参见程序 2-19。

程序 2-19　用正则表达式进行语料的预处理程序

```
df["line1"]= df["line"].str.replace('[0-9]+th','datepp')
```

```
df["line1"]=df["line1"].str.replace('[0-9]+[\/-]+[0-9]+[\/-]*[0-
9]*','datepp')
df["line1"] = df["line1"].str.replace('[0-9]+','digitpp')
df["line1"]= df["line1"].str.replace('[^A-Za-z]+',' ')
```

现在，已将日期和数字替换为常用单词，还使用最后一条语句清理了文本，将其中所有非英文字符替换为空格。程序 2-20 和图 2-9 给出了用通用的组名替换单词的示例。这里，可以使用通用的名称替换常见的意思相近的单词（即近义词）。创建一个将类似的单词映射到一个组的文件，可以将其导入并查看。

程序 2-20　使用通用词

```
pp=pd.read_csv('preprocess.csv',low_memory=False,encoding = 'latin1')
pp.head()
```

	word	class
0	luggage	baggage
1	bags	baggage
2	checkin	check in
3	chckin	check in
4	check in	check in

图2-9　将相似的词（即近义词）映射到一组中

下一步是将单词替换为相应的类名。如程序 2-21 和图 2-10 所示。

程序 2-21　将单词替换为相应的类名

```
def preprocess(l1):
    l2=l1for word in pp["word"]:
    if (l1.find(word)>=0):
        newcl = list(pp.loc[pp.word.str.contains(word),"class"])[0]
        l2 = l1.replace(word,newcl)
        break;
    return l2
    df["line1"] = df["line1"].apply(preprocess)
    df.tail()
```

	line	class	line1
393	allowance in baggange	baggage	allowance in baggange
394	allowance in baggage	baggage	allowance in baggage
395	baggage allowance	baggage	baggage allowance
396	free baggage	baggage	free baggage
397	free luggage	baggage	free baggage

图2-10 单词替换为相应的类名

现在，可以在数据集上运行机器学习算法。为了了解数据集在训练集和测试集上的性能，需要将数据集分割为训练集和测试集。因为要处理文本类，所以必须进行多类分类，这意味着必须将数据集拆分成多个类，以便每个类别在训练和测试中得到充分的表示。参见程序 2-22。

程序 2-22 将数据集拆分为多个类别

```
from sklearn.model_selection import StratifiedShuffleSplit
sss = StratifiedShuffleSplit(test_size=0.1,random_state=42,n_splits=1)

for train_index, test_index in sss.split(df, tgt):
    x_train, x_test = df[df.index.isin(train_index)], df[df.index.isin(test_index)]
    y_train, y_test = df.loc[df.index.isin(train_index),"class"],df.loc[df.index.isin(test_index),"class"]
```

输出训练集和测试集，查看它们所呈现的状态，并仔细检查，参见程序2-23。

程序 2-23 输出信息所呈现的状态

```
x_train.shape,y_train.shape,x_test.shape,x_test.shape
((358, 3), (358,), (40, 3), (40, 3))
```

可以看到训练集和测试集分别分为 358 行和 40 行。

现在将 TF-IDF vectorizer 应用到分割后的训练集和测试集上。请注意，这一步骤需要在训练集和测试集分割完成后执行。如果在分割前完成此步骤，你可能会得到虚高的准确性。参见程序 2-24。

程序 2-24　应用 TF-IDF vectorizer

```
tfidf_vectorizer=TfidfVectorizer(min_df=0.0001,analyzer=u'word',ngram_range=(1,3),stop_words='english')
tfidf_matrix_tr = tfidf_vectorizer.fit_transform(x_train["line1"])
tfidf_matrix_te = tfidf_vectorizer.transform(x_test["line1"])
x_train2= tfidf_matrix_tr.todense()
x_test2=tfidf_matrix_te.todense()
x_train2.shape,y_train.shape,x_test2.shape,y_test.shape
((358, 269), (358,), (40, 269), (40,))
```

从上面的矩阵可以看出，训练集和测试集的列数相等。由这些句子总共生成 269 个特征。将单词特征作为自变量，类别作为因变量，现在准备开始应用机器学习算法。在应用机器学习算法之前，还需要完成一个步骤就是对自变量进行特征选择，并将特征减少到原来特征的 40%，如程序 2-25 所示。

程序 2-25　特征选择步骤

```
from sklearn.feature_selection import SelectPercentile, f_classif
selector = SelectPercentile(f_classif, percentile=40)
selector.fit(x_train2, y_train)
x_train3 = selector.fit_transform(x_train2, y_train)
x_test3 = selector.transform(x_test2)
x_train3.shape,x_test3.shape
((358, 107), (40, 107))
```

至此，已准备好在训练数据集上运行机器学习算法，并在测试数据集上对其进行测试，参见程序 2-26 和程序 2-27。

程序 2-26

```
clf_log = LogisticRegression()
clf_log.fit(x_train3,y_train)
```

程序 2-27

```
pred=clf_log.predict(x_test3)
print (accuracy_score(y_test, pred))
0.875
```

与之前建立的分类规则相比，快速模型具有更高的准确性，这个结果是在一个不参与训练的测试数据集上（模型不能够获取测试集的信息）得到的，不同于在同一个数据集上测试的规则模型。因此，得到的结果的鲁棒性更强。现在，对模型的一些其他重要指标进行测试。在一个多分类问题中，类别不平衡是一个常见的现象，类别的分布可能偏向于少数几个主要类别（顶级类别）。因此，除了总体准确性之外，还需要测试不同类别的个体准确性。这可以通过使用混淆矩阵、精确度、召回率和 F1 度量的方法来实现，参见程序 2-28、程序 2-29 和图 2-11。可以从题为"准确性、精确性、召回和 F1 分数：绩效估量解读"一文中了解更多关于这些记分得分方面的知识（左侧二维码中网址 2-7），还有 scikit-learn 关于混淆矩阵和 F1 分数的网页（左侧二维码中网址 2-8 和网址 2-9）。

第 2 章
网址合集

程序 2-28

```
from sklearn.metrics import f1_score
f1_score(y_test, pred, average='macro')
0.8060606060606059
```

程序 2-29

```
from sklearn.metrics import confusion_matrix
confusion_matrix(y_test, pred, labels=None, sample_weight=None)
```

```
array([[ 7, 0, 0, 0, 0, 1, 0],
       [ 0, 2, 0, 0, 0, 0, 0],
       [ 0, 0, 5, 0, 0, 1, 0],
       [ 0, 0, 0, 4, 0, 0, 0],
       [ 0, 0, 0, 0, 10, 0, 0],
```

图2-11　一个混淆矩阵

从图 2-11 中可以看出，混淆矩阵具有很强的对角性，这表明该模型的分类错误或分类偏差很少。

2.8　识别并标注问题所在的行

在前述的例子中，所提供的数据都是单行句子。然而，对于对话来说，往往有一整套的对话语料库。将整个对话语料库标记为一个意图是困难的，因为信噪比非常低，所以一般情况下，需设法先识别出对话中可能包含问题的部分，然后仅对可能含有问题的这些句子进行意图挖掘，这将显著提高信噪比。还可以构建另一个有监督的学习模型，用来定位对话中那些包含客户问题的行。客户的问题通常会在"聊天"的前几行出现，或者它会跟在一个像"我如何帮助你"之类的询问之后，参见表2-6。

表2-6 问题所在行

系统	感谢您选择Best Telco。我们马上为您指派一位客服代表。
系统	您现在正和Max聊天。
顾客	嗨，Max。
客服代表	感谢您联系Best Telco，我叫Max。
客服代表	您好，Sara女士，您提供了XXXXXXX作为与您的账户相关联的电话号码，请问这些信息是正确的吗？
顾客	是的，是对的。我刚刚收到的一封电子邮件上提到我的服务价格要上涨到70美元每月，但在你们的网站上，价格仅为30美元，这是怎么回事？

正如在上面的示例中所看到的，客户陈述问题的那一行出现在客户陈述的第二行，直接跟在客户的问候之后。在电子邮件中，它可能是客户开始一个主题的起始行。因此，定位和寻找出问题行对于处理对话语料库来说可以产生更好的结果。

在通过监督机制和非监督机制深入了解意图挖掘和主题建模之后，则可以进一步了解客户服务中的一些经典分析，而这些意图是这些分析的主干。这就好比把比萨饼的底料做好，然后在上面撒上不同的配料。一旦确定了客户服务对话的意图，就可以接着分析下去。

2.9 热门客户查询

通过问题查询的频率分布可以快速了解热门话题和通常客户求助的原因。本节将继续使用"airline"数据集（即航空公司数据集），并使用标签的频率分布创建数据帧（dataframe）。请注意airline数据集中名为CSAT的附加列，该列是用户提供的CSAT（客户满意度）评级打分。为将查询结果图表化显示，需要应用matplotlib库，参见程序2-30和图2-12。

程序 2-30

```
import pandas as pd
import numpy as np
import matplotlib.pyplot as plt
df = pd.read_csv('airline_dataset_csat.csv',low_memory=False,encoding = 'latin1')
df.head()
```

	line	class	csat_fnl
0	When can I web check-in?	check in	5
1	want to check in	check in	5
2	please check me in	check in	5
3	check in	check in	5
4	my flight is tomm can I check in	check in	5

图2-12 航空公司数据集

获得问题查询的频率分布，并用绝对值绘制出热门的问题查询结果，参见程序2-31和图 2-13。

程序 2-31

```
freq1= pd.DataFrame(df["class"].value_counts()).reset_index()
freq1.columns = ["class","counts"]
freq1["percent_count"] = freq1["counts"]/freq1["counts"].sum()
freq1
```

	class	counts	percent_count
0	login	105	0.263819
1	other	79	0.198492
2	baggage	76	0.190955
3	check in	61	0.153266
4	greetings	45	0.113065
5	thanks	16	0.040201
6	cancel	16	0.040201

图2-13 热门问题查询结果

现在可以通过 matlab.pyplot.bar 中的 pyplot 功能函数将这些频率值绘制出来，用 X 和 Y 值来构建条形图，具体请参见程序 2-32 和图 2-14。

程序 2-32　绘制频率分布图

```
x_axis_lab = list(freq1["class"])
y_axis_lab = list(freq1["counts"])
y_per_axis_lab = list(freq1["percent_count"])

import matplotlib.pyplot as plt
plt.bar(x_axis_lab,y_axis_lab)
plt.ylabel('Counts')
plt.xlabel('Categories')
plt.show()
```

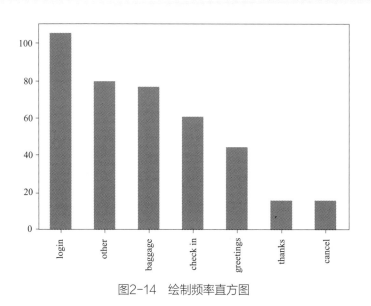

图 2-14　绘制频率直方图

2.10　热门客户满意度（CSAT）驱动器

客户满意度是用户在客户服务互动结束后参与回答的一项调查，一般以 1 到 5 分为标准。根据挖掘出的主题绘制 CSAT 响应图，可以了解客户对哪些意向满意或不满意。在航空公司数据集的示例中，如果客户给出的评分为 4 和 5，则将他们归类为满意，1 到 3 分则意味着客户对服务不满意。可以按照这个逻辑对 csat _ fnl 得分进行分类。首先需要获取意图与用户是否满意之间的类别交叉表（满意、不满意）。参见程序 2-33 和图 2-15。

程序 2-33

```
df["sat"]=1
df.loc[df.csat_fnl<=3,"sat"]=0
ct = pd.crosstab(df["class"],df["sat"],normalize='index')

ct = ct.reset_index()
ct_cols = ct.columns
ct_cols1 = [ct_cols[0],"dissat","sat"]
ct.columns = ct_cols1
ct["label"] = ct["class"]
ct
```

	class	dissat	sat	label
0	baggage	0.394737	0.605263	baggage
1	cancel	0.437500	0.562500	cancel
2	check in	0.295082	0.704918	check in
3	greetings	0.311111	0.688889	greetings
4	login	0.371429	0.628571	login
5	other	0.417722	0.582278	other
6	thanks	0.312500	0.687500	thanks

图2-15　类别交叉

现在，可以绘制一个包含满意类别和不满意类别的堆叠柱状图（即位于图左侧的纵轴），定义意图的占比分布为辅助轴（即位于图右侧的第二纵轴），并在 matplotlib 包中创建子图以显示两个 y 轴。首先，使用参数 bottom 为满意和不满意创建堆叠条形图，dissat 变量堆叠在 sat 变量之上，参见程序 2-34。

程序 2-34

```
ct_sat = ct["sat"]
ct_dissat = ct["dissat"]
ind = ct["label"]
fig,ax=plt.subplots()
p1 = ax.bar(ind, ct_sat)
p2 = ax.bar(ind, ct_dissat, bottom=ct_sat)
```

```
ax.set_xlabel('Categories')
ax.set_ylabel('Sat/Dissat percentage')
ax2=ax.twinx()    #使用第二个轴绘制一个带有不同y轴的曲线
ax2.plot(ind, y_per_axis_lab,color="blue",marker="o")
ax2.set_ylabel('intent percetage')
plt.show()
```

ax.twinx（）函数可创建辅助 y 轴（第二个 y 轴）。ax2.plot 函数中的 y_per_axis_lab 变量定义为意图的占比分布，如图 2-15 所示。最终绘制出的条形图如图 2-16 所示。

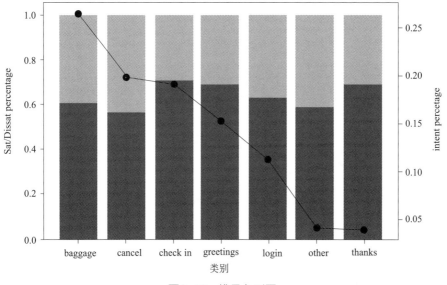

图2-16　堆叠条形图

如此，可以将 CSAT、聊天的总处理时间、分辨率等相关数据绘制成类似的图表，然后借此图表可以更直观地推断这些分析的可行性，并得到结论。

2.11　热门净推荐值（NPS）驱动器

在开始讲述本节之前，先简单介绍一下 NPS。热门 NPS 驱动器是就净推荐值（NPS 是 the Net Promoter Score 的缩写，意思是净推荐值）而言的驱动程序。在结束对话时，客户会被问及向其亲友们推荐某项产品或服务的可能性，同时也会被邀请在 1～10 的分值范围内对推荐可能性打分。打 8～10 分的客户被认为是支持者，1～4 分为贬低者，5～7 分为中立者。NPS 的计算式为：

$$\frac{支持者的数量 - 贬低者的数量}{参与调查的所有客户}$$

在上一节中已看到将用户的问题或意图与 CSAT 相关联的图表法表示。本节也同样以图表的形式将 NPS 绘制出来。某些情况下，可能想要更深入地了解导致 CSAT 或 NPS 差异的成因。例如，NPS 可以是意图、提供的解决方案、客服的礼貌或修养、产品属性、用户变量等的函数。NPS 数据集示例如表 2-7 所示。

表 2-7 NPS 数据集示例

用户id	意图	AHT	来源	目的地	预算	家庭规模	客户类型	客户联系的过往次数	是否解决	是否电话联系	NPS分数
50307	预订	16	ATL	FLL	600	4	Gold（金卡）	2	是	否	8
40697	值机	17	ATL	LGA	NA	NA	New（新用户）	3	是	否	9
9223042	登录	16	NA	NA	NA	NA	New（新用户）	4	是	否	9
35857	行李	11	DEN	LAX	NA	NA	Silver（银卡）	0	是	否	2
24394	登录	20	NA	NA	NA	NA	Silver（银卡）	4	否	是	5

现在需要认识到 NPS 的首要驱动因素有哪些。构建一个用来理解 NPS 首要驱动因素的回归模型，并由此得到一个按等级排序的项目行为优先权。NPS 函数的数学表达式可以表示为：

$$NPS = f(用户属性, 事务属性, 交互属性, 客服代理属性)$$

本书作者给出了各个属性的定义并加以详细讨论，如下：

① 用户属性。用户属性包括用户的会员资格、年龄、平均花费、终身价值等，这些属性可用作某些数据库中的结构化数据。如果它们不可用，则可以从用户的当

前交互或历史交互中提取它们。记录这些变量也是明智之举，因为这样做可以更好地理解将要遇到的问题。例如，如果你发现新客户的 NPS 较低，那么就可能面临着一个严重问题，乃至公司的发展都可能会遭受影响。为了从交互数据中提取到这些属性，你可以遵循基于规则的方法提取该类属性。

② 事务属性。这些特征定义了隐藏在意图背后的特定事务。例如，如果这是一个预订查询，则意味着有起始地、目的地、预算和人数这些信息。如果是取消的话，则可能意味着有取消的路线、付款方式或取消费用。这些属性将会严重影响问题解决的程度或问题的清晰度，从而影响 NPS。

③ 交互属性。当前交互具有如下一些特征，如客户线路数、代理线路数、处理聊天的时间（聊天的结束时间减去聊天的开始时间）、客户的平均响应时间、客服代表的平均响应时间（客服的总响应时间除以响应次数）、聊天的总体情绪、提供的解决方案数量、问题是否得到解决，以及问题的升级（即向上级主管或其他部门反映情况）（如果有的话）。

④ 客服代理属性。客服代理属性是指负责处理交互对话的客户服务代表（即客户代理）本身所具有的一些特征，例如他们在与客户谈话的过程中是否彬彬有礼，以及他们对产品的了解程度。有两种方法可以提取这些属性：一种是由质量评定专家从不同的维度对这些交互进行评分；另一种是从文本中提取。由于通过质量评定专家对这些交互进行的评级是不可扩展的，因此文本挖掘方法是解决这个问题的最好办法。

下面是一些来自 Customer Thermometer（"客户温度计"商务系统平台）的例子（右方二维码中网址 2-10）。

① 我很遗憾听到你有这样的感受 [XX 先生 /XX 女士]。

② 您的反馈对我们非常有价值，非常感谢您能抽出时间致电我们 [XX 先生 /XX 女士]。

③ 我会就最新情况向您致电反馈，请问什么时候联系您最为合适？

④ 我完全理解您的感受 [XX 先生 /XX 女士]。

⑤ 我完全理解这给您带来的不便 [XX 先生 /XX 女士]。

⑥ 感谢您的理解 [XX 先生 /XX 女士]，我们正在尽一切努力以迅速解决您的问题。

上述句子的表达是很礼貌的，而不是像"我们在这里什么也做不了""对

第 2 章
网址合集

不起,没办法了"和"这就是我们的工作方式"之类的答句。通常,定义服务质量的变量常被用于解释客户支持代理的行为。更多的信息请参见"将技术验收和服务质量模型应用于电子商务网站的实时客户支持聊天(*Applying The Technology Acceptance And Service Quality Models To Live Customer Support Chat For E-Commerce Websites*)"一文,发布该文的网址见左侧二维码中网址2-11,并请参阅表2-8。

表2-8 维度和客户支持

维度	如何使其在客户支持上发挥作用
可靠性(reliability)	客户支持代理的响应可靠
响应性(responsiveness)	客户提出的问题得到回答的速度有多快
保障性(assurance)	他们能否保证客户提出的这些问题会得到答复或解决
共情性(empathy)	他们能否对客户的担忧表示同情
有形度(tangibles)	所用的控件、聊天窗口本身的外观和感觉

题目译为"面向联络中心代理绩效的人力资源预测模型"的论文(原文英文题目为 *A human capital predictive model for agent performance in contact centres*)发表在左侧二维码中网址 2-12 中,描述了衡量客户服务代表性能(绩效)的不同维度。上述列表中还可以添加客户服务代表的知识和能力、他们解决问题的动机等维度。可以采用基于规则的方法来解决这些问题,或者使用在线词典来挖掘某些行为属性。作为例子之一,有关共情陈述的示例可以参见中文题意为"客户服务代表的共情陈述"的论文(原文英文题目为 *Empathy Statements for Customer Service Representatives*)发布该文的网址见左侧二维码中网址 2-13。类似地,通过领域专家,还可以获得其他属性的词汇表或词典。也可以按照与前述的启发式过程类似的方法对会话中客户服务代表的每个句子进行分类,然后获得 NPS 模型的总体分数。表 2-9 给出了一个客户服务代表行为标签小例子,当尝试挖掘文本以便对维度进行评分时,只需在代理行上进行评分,而不在客户行上进行评分。文本语料库是电子邮件时,可以找到发件人标签,并仅挖掘这些行即可。

表2-9 客服（客户代理）行为标签

讲话者	语句	共情性	竞争力	保障性
Diane	感谢您联系Bright Smiles牙科。我叫Diane。您好，有什么可以帮您的吗？	0	0	0
Aaron	我收到了一封Groupon（团购网站）发来的99美元的牙齿美白服务邮件。	0	0	0
Diane	感谢您对Bright Smiles牙科感兴趣。我们的Groupon广告获得了惊人的反响。我们可以安排预约吗？	0	0	0
Aaron	这个过程通常需要多长时间？	0	0	0
Diane	99美元的牙齿美白特惠是我们的基本服务。一般来说，这项服务大约需要20分钟。	0	1	0
Aaron	你们接受牙科保险吗？	0	0	0
Diane	Bright Smiles是一家美容牙科中心，很遗憾我们不接受任何保险。付款方式可以是现金、Visa卡或万事达卡。	1	0	0
Aaron	手术时会痛吗？	0	0	0
Diane	绝对不会。我向您保证，它是快速且无痛的。	0	0	1
Aaron	好吧，管它呢，我想要预约这项服务，今天下午你们可以安排吗？	0	0	0
Diane	当然可以，您能在下午3:30之前来到这里吗？	0	1	0
Aaron	好的。Diane，你记下我的姓名和电话号码。	0	0	0
Aaron	Aaron Davis，我的电话号码是：610-265-1715。	0	0	0
Diane	您需要到我们办公室的路线吗？	0	0	0
Aaron	不用。我知道你们在哪里，就在Baskin Robbins旁边。	0	0	0
Diane	太棒了！您需要打印出您的团购单，或者把收据存在手机里。	0	1	0
Aaron	好的。我现在就购买团购券，并打印出来。	0	0	0
Diane	您还有其他问题吗？或者还有什么我可以帮您的吗？	0	0	1
Aaron	我想应该是没有了，感谢你的帮助。	0	0	0
Diane	感谢您选择Bright Smiles齿科。	0	0	0

现在，可以总结出上述互动在共情性、能力/竞争力和保障性三个维度上的得分，见图 2-17。

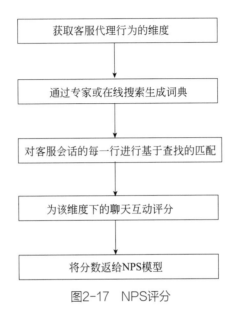

图2-17 NPS评分

如果已经将一个句子语料库标注为不同的客服代理性能维度，那么还可以构建一个有监督的算法来将句子分类。

2.12 深入了解销售对话

到目前为止，所看到的示例和分析是针对服务的，其中客户服务代理的业务是回答用户的问题而不是销售产品。在销售聊天中，你希望了解两件重要的事情：客户来购买什么产品以及他们为什么会购买（或者更重要的是，他们为什么没有购买）。

2.12.1 销售对话中的热门产品

在销售对话中，你可以使用命名实体识别技术（将在后续章节中看到）来提取产品信息，或者可以使用基于查找的方法来提取对话中提到的产品相关信息。表2-10 给出了一些例句。

表2-10 例句

希望购买LED电视
想购买三星LED
LED电视的价格是多少
想买冰箱
购买冰箱需要帮助
需要帮忙搬冰箱
三星手机有哪些
S340缺货了吗

产品的名称可以有各种变化。例如，冰箱可以被称为冰箱，也可以用三星这样的品牌或687L这样的型号指代，或者有时也会采用三星200L这样的品牌与容量组合的称呼。鉴于产品的数量和可能的引用方式，在零售或电子商务中提取产品信息是非常复杂的。在第3章中将详细讲解到这一点。对于其他一些行业或领域，例如电信或金融服务及保险(BFSI)行业，产品的称谓变化不大，因此可以通过简单的查找办法来处理。根据转化率和交易量对图2-18进行分析，它显示出了热门产品及产品转化率。

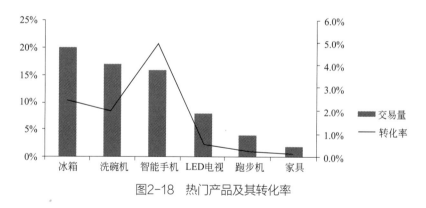

图2-18 热门产品及其转化率

2.12.2 未交易的原因

可以从聊天中挖掘出顾客在购买某产品过程中所提出的异议。通常，一个训练好的分类器可以很好地处理这些异议（将客户的不同意见通过分类挖掘出来）。定位客户提出的异议出现在会话中的哪些语句行是关键所在，并不是聊天中的每句话都包含客户的异议。有时，客服代理也会被提示向客户提出引导性问题，以促使客户陈述他们的反对意见。客户未购买的原因也作为最终客服代理处置意向的一部分被收集。通常，客户不购买的首要原因是价格、产品不兼容、安装、退货政策、运输成本、更好地与竞争对手打交道，以及在做出购买决定之前想咨询其他人。这些高层次的原因在不同的公司中是相似的，因此可以对不同的组织机构使用相同的预测模型（甚至是启发式规则）。

2.12.3 调查评论分析

这些调查是在聊天结束时收集的数据集，被用来了解客户的体验。事实证明，在试图理解客户对客服代理或产品的看法，甚至不购买的原因方面，这个数据集是非常丰富的信息源，可以用一组启发式算法或一个有监督的模型来挖掘调查意见。这种语料库也是一个良好的用户情绪指示器（可以用来指示或引导用户情绪或情感），聊天对话的立场通常倾向于中性，而调查评论可以清楚地表明客户的情绪。下一章将详细介绍情感挖掘。

2.12.4 挖掘语音记录

到目前为止，已经详细地探索性地学习了客户服务中文本挖掘方面的基础知识。然而，大量的客户服务数据毕竟是在客服电话中心产生的通话记录，一旦成功地将语音转换为文本，就可以应用文本挖掘技术来处理这些通话数据。可以使用来自于左侧二维码中网址 2-14 的语音识别软件包和谷歌 API 将语音转换为文本。可以用 pip 安装这些软件包，参见程序 2-35 中的代码。

程序 2-35　安装软件包

```
!pip install SpeechRecognition
```

可以将任意一个扩展名为 .wav 的语音文件读入语音识别算法中，并应用 Google API 获取转录的句子，参见程序 2-36。

程序 2-36　转录句子

```
import speech_recognition as sr
r = sr.Recognizer()
def speech_to_text(af,show_all):
```

```
    #playsound(af)

with sr.AudioFile(af) as source:
    # 读取音频文件。这里我们用 record 代替 listen
    audio = r.record(source)

    abc = r.recognize_google(audio,show_all=show_all)
return abc
```

这个函数包括两个参数,一个是文件本身,另一个是语音识别的标志 show_all。如果参数 show_all 被赋值为 False,那么 Google API 将返回最有可能的语音识别结果的文本,其输出结果如程序 2-37 所示。

程序 2-37

```
af1 = "sample_audio.wav"
speech_to_text(af1,False)
'I am calling for reversal of enquiry and my account number is 911'
```

将 show_all 设置为 True,Google API 将以字典的形式返回带有置信度的、被识别出的所有文本。这一选项在获取其最大可能的所有输出的情况下,是非常有用的,参见程序 2-38。

程序 2-38

```
speech_to_text(af1,True)
{'alternative': [{'transcript': 'I am calling for reversal of enquiry
and my account number is 911','confidence': 0.89367926},
{'transcript': 'I am calling for reversal of enquiry in my account
number is 911'},
{'transcript': 'I am calling for reversal of enquiry and my account
number is 9 11'},
{'transcript': "I'm calling for reversal of enquiry and my account
number is 911"},
{'transcript': 'I am calling for the reversal of enquiry and my
account number is 911'}],
'final': True}
```

这个软件包还支持一些其他的 API,例如必应(Bing)、IBM 和 Spinx。更多详情请到右方二维码中网址 2-15 查阅。

还可以使用神经网络模型建立自己的语音识别工具,这超出了本书的范围,但笔者将总结语音识别中包含的高级步骤。这些步骤包含两个基本部分:一是使用声学模型将语音转换为文本;另一个是使用语言模型使文本更有意义和连贯。

(1)声学模型

第一步是从音频文件中获取数据以及相应的标签。有很多开源数据集可以帮助用户开始这一步。一旦有了这些文件,就可以使用数字信号处理技术将 .wav 文件转换为数字。标准做法是使用 MFCC❶ 或频谱图法来对它们进行转换。

(2)语言模型

完成了声学模型下的语音转换成文本的操作后,将得到一个数字数组和相应的标签。然后,可以训练一个神经网络模型,训练好的神经网络可以实现将给定的数组集分类为它可能包含的单词。在对一个新的音频文件进行评分时,首先将该文件分割成更小的音频块,然后使用语音识别模型(模块)将每个音频块识别为一个单词,一旦识别出了一组单词,语言模型就发挥作用,将它们转换成有意义、最可能组成的句子或短语。基本上,声学模型是通过检测一个个单词的字母进行训练的,语言模型的任务是获取音频中最可能出现的单词。

这里的语言模型是指基于单词或句子在语言中出现的概率的统计语言模型❷。可以用单纯基于频率的方法,也可以采用基于递归神经网络排序算法来对模型进行排序,用来校正声学模型中的句子。程序 2-39 和程序 2-40 给出了使用二元文法和概率分布构建语言模型的一个示例。这个示例中用了来自维基百科(Wikipedia)上关于自然语言处理的几行内容。

> "natural language processing an automated online assistant providing customer service on a web page an example of an application where natural language processing is a major component natural language processing nlp is a subfield of linguistics computer science information engineering and artificial intelligence concerned with the interactions between computers and human natural languages in particular how to program computers to process and analyze large amounts of natural language data challenges in natural language processing frequently involve speech recognition natural language understanding and natural language generation contents history rule based vs statistical nlp major evaluations and tasks syntax semantics discourse speech dialogue see also references further reading

---

❶ MFCC 名曰"梅尔倒谱系数",是英文 Mel-Frequency Cepstral Coefficients 的缩写,MFCC 特征提取包含两个关键步骤:转化到梅尔频率,然后进行倒谱分析。——译者注
❷ 语言模型的发展先后经历了文法规则语言模型、统计语言模型和神经网络语言模型。——译者注

history the history of natural language processing nlp generally started
in the s although work can be found from earlier periods in alan turing
published an article titled computing machinery and intelligence w"

程序2-39　建立一个语言模型

```
import pandas as pd
from nltk.util import ngrams
import numpy as np
from collections import Counter
import re
```

程序2-40

```
inp_text=open("nlp_text.txt","r").read()
### 打印字符
Inp_text[0:100]
'Natural language processing\n\n\nAn automated online assistant providing
customer service
on a web page'
```

之后，将进行某些预处理并清理文本，以使所有单词标准化。还可以根据手头的用例删除其中的停止词，参见程序2-41。

程序2-41　清理文本

```
inp_text = inp_text.lower()
inp_text1 = re.sub('[^a-z/s]+',' ',inp_text)
Inp_text1[0:1000]
```

下一步是从这些句子中获取一个二元文法语料库。构建语言模型时，一旦提供了单词，该模型将在给定的单词后输出最可能的单词。可以将二元文法提高到 n 元文法（n-gram）以获得更好的精度，参见程序2-42。

程序2-42

```
n_grams = ngrams(inp_text1.split(), 2)
l1 = []
for grams in n_grams :
    l1.append((grams[0].lower(),grams[1].lower()))
```

二元文法现在被组织成一个带有引导词和滞后词的数据帧。因此，给定引导词，就可以根据引导词得到一组可能的滞后词，见程序 2-43 和程序 2-44。

程序 2-43
```
df0 = pd.DataFrame(l1)
df0.columns = ["lead","lag"]

lead_all = df0["lead"].unique()
lag_all = df0["lag"].unique()
```

程序 2-44
```
lead_dict = {}
for i in lead_all:
    matches = df0.loc[df0.lead==i,"lag"]
    len_mtch = len(matches)
    lag_dict = dict(Counter(matches))
    for k in lag_dict:
        lag_dict[k] = lag_dict[k]/len_mtch

    lead_dict[i] = lag_dict
```

现在，来测试一下"language"这个词。程序 2-45 给出了紧随单词"language"之后最可能出现的单词。

程序 2-45 "language"后最可能的单词测试
```
lead_dict["language"]
{'processing': 0.6666666666666666,
 'data': 0.041666666666666664,
 'understanding': 0.041666666666666664,
 'generation': 0.041666666666666664,
 'system': 0.041666666666666664,
 'models': 0.041666666666666664,
 'tasks': 0.041666666666666664,
 'modeling': 0.08333333333333333}
```

这种语言模型也适用于某些其他用例，如机器翻译或自然语言生成。因此，返回到示例，使用语言模型纠正声学模型的输出，然后得到一个由语音文件转换成的文本输出。一旦得到文本输出，就可以对其进行挖掘并获得其中蕴藏的所有意图和有力的见解。

到目前为止，已经在客户服务行业中看到了大量的 NLP 用例。NLP 在客户服务行业中还有更多细致入微的用例，比如提取人物角色，随着谈话的进行所发生的情绪转移，语音和文本等不同客户服务渠道的相关性等。本章所给出的所有用例及讨论的内容足以让任何进入 NLP 领域的人可以开始起步。客户服务中包含着丰富的文本数据，分析这些数据的不同维度可以对企业组织机构产生重大影响。

Practical Natural Language Processing with Python

With Case Studies from Industries Using Text Data at Scale

第 3 章
NLP 在在线评论中的应用

3.1 情感分析
3.2 情感挖掘
3.3 方法 1：基于词典的方法
3.4 方法 2：基于规则的方法
3.5 方法 3：基于机器学习的方法（神经网络）
3.6 属性提取

评论商品是当今网络在线购物活动过程中的重要组成部分。虽然对商品发表自己意见的人很少，但受到评论影响的用户数量却非常大。一项研究发现，63% 的用户更喜欢带有客户对商品发表评论的在线网站。访问评论页面的用户从该网站购买商品的概率出奇地高，竟然高出 105%（左侧二维码中网址 3-1）。对这些评论进行挖掘，可以为在线服务提供商以及在网页上推出产品的卖家提供更有力的信息反馈和见解。除了知道客户是否满意之外，还可以了解到用户对这些产品各项功能特点的感受。有时，评论者在评论中还会写许多有关他们生活方式的信息以及他们为产品特意找出的使用案例等内容，此类评论可以提供有关产品与市场契合度或产品的价值主张❶等方面有洞察力的意见或见解，从评论中挖掘出的这些信息可以为以后的产品品牌传播所用。还可以在一个类别中找到机会或差距，从而获得"客户的心声"来创造一个新产品，甚至开启一项新业务。

3.1 情感分析

情感是从评论中提取的第一个也是最常见的属性。情感被定义为用户在给定的语料库中所表达出来的感觉或情绪。情绪通常被分为正面的（即积极的）或负面的（即消极的）情绪两大类，但情绪还有其他维度，比如愤怒、高兴、沮丧等。另一个维度还可以衡量文本语料库的客观性或主观性，图 3-1 给出了一些示例。

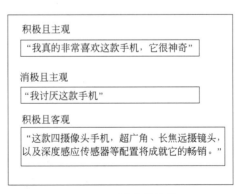

图3-1 评论中的情绪

---

❶ 产品的价值主张是指对客户来说产品中什么是有意义的，即对客户真实需求的深入描述。——译者注

3.2 情感挖掘

情感分析是分析深层情感的简化版本,情绪在心理学领域已经得到了广泛的研究。在某些产品的评论挖掘用例中,可以超越情感分析,进入更深层次的情感挖掘。其中一个著名的情绪理论模型就是如图 3-2 所示的普鲁奇克(Plutchik)的情绪轮。情绪轮模型的核心由喜悦、悲伤、愤怒、恐惧、信任、厌恶、惊讶和期待这八种基本情绪组成。当你的情绪状态向情绪轮外围迁移时,表示情绪强度在降低,而当你的情绪状态向情绪轮中心迁移时,表示情绪强度增强。轮盘上的白色区域是两种情绪的结合。即便你并不想尝试从整个情绪轮上挖掘情绪,仅挖掘这八种基本的情绪就可以揭示出很多有关用户偏好的信息。对于想要深入了解更多相关知识的读者,请参阅"计算文学研究中的情感与情绪分析综述(*A Survey on Sentiment and Emotion Analysis for Computational Literary Studies*)"。发布该文的网址见右方二维码中网址 3-2。

第 3 章
网址合集

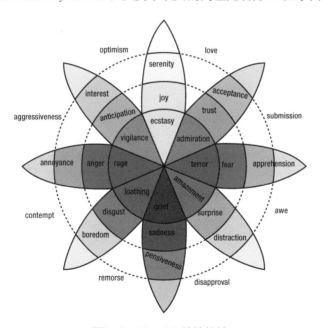

图3-2　Plutchik的情绪轮

现在深入到如何用 Python 进行情感挖掘的代码和细节中来。首先要建立一个基本版本,然后讨论如何用它来处理一些复杂的用例。本章将使用

Amazon 评论数据集。位于本章末尾的表 3-7 中列出了本章使用到的所有软件包及其版本号。

3.3 方法 1：基于词典的方法

第一种方法很简单，使用一种标准的基于词典的方法来对正向（积极）、负向（消极）和中性三种情绪进行分类。词典是表示某个主题的词汇列表，可以使用互联网上可用的一些词典来对正面、负面和中性的评论进行分类。

第 3 章
网址合集

数据集（也称数据库）：使用 Amazon 美食评论数据集进行情感挖掘分析，可以从 Kaggle 官网上下载该数据库，关于亚马逊美食评论调查方面的文章发布在左侧二维码网址 3-3 中，参见程序 3-1 和图 3-3。

程序 3-1
```
The Dataset import pandas as pd
t1 = pd.read_csv("Reviews.csv")
t1.shape
(568454, 12)
t1.head()
```

图 3-3 亚马逊美食评论数据库

第 3 章
网址合集

这里，关注的重点是文本（Text）和摘要（Summary）栏，也可以从中看到分数（Score）栏，使用这个分数来理解和衡量基于词典的方法的准确性。此处将使用发表在左侧二维码网址 3-4 中的题为"挖掘和总结客户评论（*Mining and summarizing customer reviews*）"的论文中提到的词典，参见程序 3-2。

程序 3-2

```
pos1=pd.read_csv("positivewords.txt",sep="\t",error_bad_
lines=True,encoding='latin1',h eader=None)
neg1=pd.read_csv("negativewords.txt",sep="\t",error_bad_
lines=True,encoding='latin1', header=None)
pos1.columns = ["words"]
neg1.columns = ["words"]

pos_set = set(list(pos1["words"]))
neg_set = set(list(neg1["words"]))
```

在 t1 数据集中有两列文本：Text 和 Summary，需要将它们合并成一列，这一列将通过词典进行挖掘，参见程序 3-3。

程序 3-3　合并列

```
t1["full_txt"] = t1["Summary"] + " " + t1["Text"]
t1["full_txt"] = t1["full_txt"].str.lower()
t1["sent_len"] = t1["full_txt"].str.count(" ") + 1
```

程序 3-4 为剔除遗漏单词的句子。

程序 3-4　精炼数据集

```
t2 = t1[t1.sent_len>=1]
len(t1),len(t2)
(568454, 568427)
```

为了衡量所用方法的准确性，需要把客户在"评分（Score）"列中提供的最终评分分为几个部分，参见程序 3-5。

程序 3-5

```
## 用于衡量准确性
t2["score_bkt"]="neu"
t2.loc[t2.Score>=4,"score_bkt"] = "pos"
t2.loc[t2.Score<=2,"score_bkt"] = "neg"
```

最简单的方法是循环遍历句子语料库中的所有单词，然后按照词典列表进行搜索。因为这些句子较长，所以需要根据句子中的单词数量来规范化、标准化正负情感倾向的匹配数量。之后，对一个句子的正向、负向和中性分数进行简单的比较，以得分高者为准对句子进行标注。为了进一步改进并提出更多的策略，还需要将句子中出现的单词记录为 pos_set_list 和 neg_set_list，即正向、负向词汇列表，参见程序 3-6。

程序 3-6

```
final_tag_list = []
pos_percent_list = []
neg_percent_list = []
pos_set_list = []
neg_set_list = []

for i,row in t3.iterrows():
    full_txt_set = set(row["full_txt"].split())
    sent_len = len(full_txt_set)
    pos_set1 = (full_txt_set) & (pos_set)
    neg_set1 = (full_txt_set) & (neg_set)
    com_pos = len(pos_set1)
    com_neg = len(neg_set1)
    if(com_pos>0):
    pos_percent = com_pos/sent_len else:
    pos_percent = 0
    if(com_neg>0):
        neg_percent = com_neg/sent_len
    else:
        neg_percent =0
    if(pos_percent>0)|(neg_percent>0):
        if(pos_percent>neg_percent):
            final_tag = "pos"
        else:
            final_tag = "neg"
    else:
        final_tag="neu"
        final_tag_list.append(final_tag)
        pos_percent_list.append(pos_percent)
        neg_percent_list.append(neg_percent)
        pos_set_list.append(pos_set1)
        neg_set_list.append(neg_set1)
```

为所创建的词汇列表分配 t3 的数据帧，参见程序 3-7。

程序 3-7　分配列表

```
t3["final_tags"] = final_tag_list
```

```
t3["pos_percent"] = pos_percent_list
t3["neg_percent"] = neg_percent_list

t3["pos_set"] = pos_set_list
t3["neg_set"] = neg_set_list
```

现在已经把句子分成了正向的、负向的和中性的三类，要想检查它们的得分是否与之前讨论过的 score_bkt 一致，将使用分类准确率（accuracy score）、F1 得分和混淆矩阵（confusion metrics）三个指标进行衡量。关于这些指标的更多细节可以从一篇名为"准确性、精确性、召回率和 F1 分数：性能度量的解释（*Accuracy, Precision, Recall & F1 Score: Interpretation of Performance Measures*）"的文章（该文网址见右方二维码中网址 3-5）以及 scikit-learn 关于混淆矩阵（右方二维码中网址 3-6）和 F1 分数（右方二维码中网址 3-7）等文章页面中深入了解到。详细请见程序 3-8 和图 3-4。

第 3 章 网址合集

程序 3-8

```
from sklearn.metrics import accuracy_score
print (accuracy_score(t3["score_bkt"],t3["final_tags"]))
#0.8003448093872596from

sklearn.metrics import f1_score
f1_score(t3["score_bkt"],t3["final_tags"], average='macro')
#0.502500231042986
rows_name = t3["score_bkt"].unique()
from sklearn.metrics import confusion_matrix
cmat = pd.DataFrame(confusion_matrix(t3["score_bkt"],t3["final_
tags"],
labels=rows_name, sample_weight=None))
cmat.columns = rows_name
cmat["act"] = rows_name
cmat
```

	pos	neg	neu	act
0	39110	4768	506	pos
1	3514	4402	324	neg
2	2936	1159	124	neu

图 3-4 输出结果

根据上述情况推断，有足够的空间来改进算法。为了进一步理解这一点，需查看一些分类错误，并探索造成分类错误的原因和一些进一步改进模型的步骤。现在，从基于词典的方法过渡到基于词典和规则的方法。当分析这些错误时，需想出一些规则来解决这些情感分析问题。

3.4 方法 2：基于规则的方法

第二种方法是通过添加规则来改善基于词典的方法的性能，这些规则是基于语言模式和数据结构的。为了识别规则，首先需要通过对预测的情感和实际标注进行比较来调查研究分类错误，参见程序 3-9。

程序 3-9
```
pd.options.display.max_colwidth=1000
t3.loc[t3.score_bkt!=t3.final_tags,["Summary","full_txt","final_tags","score_bkt","pos_perc
ent","neg_percent","pos_set","neg_set"]]
```

下面是从程序 3-9 的输出中观察得到的结果。

3.4.1 观察结果 1

"摘要（Summary）"栏中的情感非常清晰、简洁和明确。可以按照自己喜欢的方式使用它，衡量情感时使用摘要（Summary）比使用全文（full_txt）更有效，参见表 3-1。

表3-1 摘要与全书的情感对比

摘要 （Summary）	全文 （full_txt）	积极情绪 （pos_set）	消极情绪 （neg_set）
我善变的猫喜欢它们	我善变的猫喜欢它们，我必须同意其他两条评论。我的猫是so-o-o-o-o……	{喜欢、兴奋、中意、喜爱}	{无聊、拒绝、挑剔、善变}
我的狗喜欢它……	我的狗很喜欢它……我的狗已经喜欢它很多年了。	{享受、喜爱}	{成问题的}

续表

摘要 （Summary）	全文 （full_txt）	积极情绪 （pos_set）	消极情绪 （neg_set）
我的女儿很喜欢！	我女儿很喜欢！我的女儿喜欢这些……	{喜爱}	{俗气的}
这对狗来说很好，如果我有一只的话	这对狗来说很好，如果我有一只的话，我喜欢杰克林克牛肉干，特别是胡椒味的。这里……	{诚实、爱、善良、很棒、喜欢}	{艰难、错误、生涩}

3.4.2 观察结果 2

像"非常（very）"和"极端（extreme）"这样的强调词更能突出情绪，如表 3-2 所示。

表3-2 强调词

摘要 （Summary）	全文 （full_txt）	积极情绪 （pos_set）	消极情绪 （neg_set）
对胃反酸非常有帮助	对胃反酸非常有帮助，这种配方与在配方奶或母乳中添加米粉的做法不同。	{有帮助、推荐、轻松}	{拒绝的、粗糙、拒绝}

需要识别强调词，并将它们与积极性质的词结合起来，看看是否能够匹配。如果匹配的话，需要权衡该匹配是否有利于该极性（即是否有利于积极的或是消极的）。

3.4.3 观察结果 3

否定词是给定词的反义词，它表达的意思可以是积极的，也可以是消极的。"不喜欢"是否定词中的一个词例，由于词典只包含一个单词，因此如果不注意否定词，可能会用错误的极性标记这个句子。与助词法类似，需要识别一组否定词，并将它们与一组负向（即消极的）词和正向（积极的）词交叉引用，看看句子中是否出现否定现象。如果出现否定，则需要从该极性中减去相应的分数，也可以给否定赋予比正面更高的权重，见表 3-3。

表3-3 否定词

摘要 (Summary)	全文 (full_txt)	积极情绪 (pos_set)	消极情绪 (neg_set)
不仅仅是胡椒味	不仅仅是胡椒的味道,我很高兴能有胡椒粉的混合物,但是因为里面有多香果,它会让我对所有的菜都失去兴趣。你可以尝出胡椒的味道,但也可以尝出一种泥土般的辛辣味道,我甚至试着挑出花椒去掉多香果,但为时已晚,味道仍然混合在里面。太糟糕了!	{兴奋、好}	{令人不快的}
不像广告中宣传的那样无异味	我购买的这些东西并不像广告中说的那样无异味……	{欣赏、自由、改善、满足}	{不幸的、有异味的、疯狂的、霸道的、难闻的}

3.4.4 观察结果4

感叹号是另一个重要的符号,通过它可以了解用户的情感。感叹号本身并不能传达积极或消极的情绪,它们只是会突出表达潜在的情感。例如,"糟糕的!"和"美味!"后面都跟着感叹号,但一个代表消极的体验,另一个代表积极的体验,见表3-4。

表3-4 出现感叹号的示例

摘要 (Summary)	全文 (full_txt)	积极情绪 (pos_set)	消极情绪 (neg_set)
唯一不含乳制品的坚果口味!	唯一不含乳制品的坚果口味!是我最喜欢的口味,因为它也不含奶制品,尽管它们没有那么浓郁的味道,但加上鹰嘴豆泥也很美味!这是我最喜欢的无麸质零食。	{自由、最喜欢的、美味的}	{}
喜爱它!!!!!!!!!	喜爱它!!!!!!!!!由于我被诊断为乳糜泻,它已成为……	{喜爱、享受、感谢}	{}

3.4.5 总体得分

需要计算出四个总体分数：full_txt 在积极情绪上的命中数（也称正面情感命中数），full_txt 在消极情绪上的命中数（也称负面情感命中数），Summary 在积极情绪上的命中数，Summary 在消极情绪上的命中数。然后将它们结合在一起，得到如图 3-5 所示的最终分数。

> 正向得分=正面情感命中数+助推词（即强调词）命中的正面情感数+感叹号命中的正面情感次数-2×正面命中数

> 负向得分=负面情感命中数+助推词（即强调词）命中的负面情感数+感叹号命中的负面情感次数-2×负面命中数

图3-5 得分方程

将图 3-5 所示的公式应用于 full_txt 和 Summary，然后用图 3-6 所示的公式计算得到正向得分和负向得分。

> 正向得分=full_txt的正向得分 +1.5×Summary的正向得分

> 负向得分=full_txt的负向得分 +1.5×Summary的负向得分

图3-6 计算正向得分和负向得分的公式

现在需要对得到的这四个分数加以比较，并按照图 3-7 所示的流程图得到文本的最终标注。

根据流程图，首先需要检查文本的正负分数是否大于零。如果结果为"是"，那么进一步判断正向得分和负向得分哪个更大。相应地，按得分大的极性对文本进行标注。如果第一步判断中正负向得分并不大于 0，即小于等于 0，则检查强度指标，在本节的例子中为感叹号。感叹号作为一个强度指标存在于例子程序中，并且也知晓它加强的是正面（积极的）情绪还是负面（消极的）情绪。将这些用例标记为正面的（根据准确性和数据集，它们也可以被判定为负面的），其余的被标记为中性。在没有正面或负面情绪被命中（即被匹配）的情况下，需要再次检查感叹号并将其标记为正面情绪或中性。

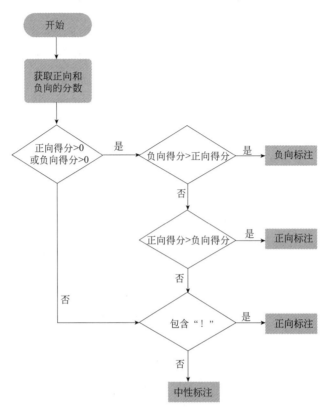

图3-7 获取最终标注的流程图

3.4.6 处理观察结果

（1）预处理

现在开始用 Python 实践并将得到观察结果。首先，需要进行一些预处理。这对于处理由双单词构成的否定特别有用，其基本想法是把诸如"did not"和"would not"这样在一起的两个单词组合替换成像"didn't"和"wouldn't"这样的"单词"。如此，即便实际上查找的是两个单词的组合，所采用的查找和替换方法仍然有效。首先，定义需要替换的二元词，然后用单个单词替换它们，如程序 3-10 所示。

程序 3-10 替换双词组合

```
not_list = ["did not","could not","cannot","would not","have not"]
def repl_text(t3,col_to_repl):
    t3[col_to_repl] = t3[col_to_repl].str.replace("'","")
```

```
t3[col_to_repl] = t3[col_to_repl].str.replace('[.,]+'," ")
t3[col_to_repl] = t3[col_to_repl].str.replace("[\s]{2,}"," ")
for i in not_list:
        repl = i.replace("not","").lstrip().rstrip() + "nt"
        repl = repl + " "
        t3[col_to_repl] = t3[col_to_repl].str.replace(i,repl)
return t3
```

现在，可以调用程序 3-9 中的函数处理诸如本章给出的表中 full_txt 和 Summary 这两列栏目。在这两列上应用所创建的所有函数来得到之前看到的 4 个分数：

```
t3 = repl_text(t3,"full_txt")
t3 = repl_text(t3,"Summary")
```

（2）强调词和否定词（观察结果 2 和观察结果 3）

现在来定义强调词和否定词。它们必须是单个的单词，如果它们是两个单词，则必须用预处理函数 repl_text 对它们进行预处理，其背后的想法是将强调词和与该句子匹配的积极词（肯定词）子集 (pos_set1) 结合起来，并查看组合。可以采用计数器的方式计算正向和负向强调词匹配数，参见程序 3-11。

程序 3-11

```
booster_words = set(["very","extreme","extremely","huge"])
def booster_chks(com_boost,pos_set1,neg_set1,full_txt_str):
    boost_num_pos = 0
    boost_num_neg = 0
    if(len(pos_set1)>0):
        for a in list(com_boost):
            for b in list(pos_set1):
                wrd_fnd = a + " " + b
                #print (wrd_fnd)
                if(full_txt_str.find(wrd_fnd)>=0):
                    #print (wrd_fnd,full_txt_str,"pos")
                    boost_num_pos = boost_num_pos +1
if(len(neg_set1)>0):
    for a in list(com_boost):
        for b in list(neg_set1):
            wrd_fnd = a + " " + b
            if(full_txt_str.find(wrd_fnd)>=0):
                #print (wrd_fnd,full_txt_str,"neg")
```

```
                boost_num_neg = boost_num_neg +1

        return boost_num_pos,boost_num_neg
```

接下来，对否定词重复这个过程，参见程序 3-12。

程序 3-12

```
negation_words = set(["no","dont","didnt","cant","couldnt"])
def neg_chks(com_negation, pos_set1, neg_set1, full_txt_str):
    neg_num_pos = 0
    neg_num_neg = 0
    if(len(pos_set1)>0):
        for a in list(com_negation):
            for b in list(pos_set1):
                wrd_fnd = a + " " + b
                #print (wrd_fnd)
                if(full_txt_str.find(wrd_fnd)>=0):
                    #print (wrd_fnd,full_txt_str,"pos")
                    neg_num_pos = neg_num_pos +1
    if(len(neg_set1)>0):
        for a in list(com_negation):
            for b in list(neg_set1):
                wrd_fnd = a + " " + b
                if(full_txt_str.find(wrd_fnd)>=0):
                    #print (wrd_fnd,full_txt_str,"neg")
                    neg_num_neg = neg_num_neg +1
    return neg_num_pos,neg_num_neg
```

做一个小测试来演示该函数的功能。将与句子匹配的否定词、匹配的肯定集、匹配的否定集（本例中为空集）以及句子一起传递给该函数。将看到，程序运行得到了一个肯定词的 1 次否定（didn't like）的匹配结果。参见程序 3-13。

程序 3-13

```
str_test ="it was given as a gift and the receiver didnt like it i wished
i had bought some
other kind i was believing that ghirardelli would be the best you could
buy but not when
it comes to peppermint bark this is not their best effort."
neg_chks({"didnt"}, {"like", "best"}, {}, str_test)
(1, 0)
```

(3) 感叹号（观察结果 4）

接下来是有关感叹号的讨论。无论词或语句表达的情感是积极的还是消极的，感叹号都能起到增加潜在情感强度的作用。需要检查句子中是否有感叹号以及句子中是否有褒义或贬义（积极或消极、正面或负面）的词语匹配。而且，所进行的检查是要在句子层面上进行，而不是在评论层面。在其他情况下，需要对摘要（Summary）和完整文本（full_txt）执行此操作，参见程序 3-14。

程序 3-14 检查感叹号

```
def excl(pos_set1,neg_set1,full_txt_str):
    excl_pos_num=0
    excl_neg_num=0
    tok_sent = sent_tokenize(full_txt_str)
    for i in tok_sent:
    if(i.find('!')>=0):
        com_set = set(i.split()) & pos_set1
        if(len(com_set)>0):
            excl_pos_num= excl_pos_num+1
        else:
            com_set1 =set(i.split()) & neg_set1
            if(len(com_set1)>0):
                excl_neg_num= excl_neg_num+1
return excl_pos_num,excl_neg_num
```

(4) 对 full_txt 和 Summary 进行评估（观察结果 1）

程序 3-15 给出了首先获得相匹配正反面词集（积极/消极词集）的程序代码，这部分内容与之前所看到的内容类似。然后，通过函数调用来获取 full_txt 和 Summary 这两列栏目中增强词、否定词和感叹词的数目。代码的收尾部分是按照图 3-5 和图 3-6 中给出的公式以及图 3-7 给出的流程图的逻辑来获得最终的评论标签，即获得 final _ tag。

程序 3-15 中有很多程序行是有关列表的初始化。需要将与 full _ txt 和 Summary 这两列的总得分有关的所有成分的值都记录下来。此步骤对于后续的结果分析以及进一步的结果优化都是很有必要的。

程序 3-15

```
final_tag_list = []
pos_score_list = []
neg_score_list = []
```

```
pos_set_list = []
neg_set_list = []
neg_num_pos_list = []
neg_num_neg_list = []
boost_num_pos_list = []
boost_num_neg_list = []
excl_num_pos_list =[]
excl_num_neg_list =[]

pos_score_list_sum = []
neg_score_list_sum = []
pos_set_list_sum = []
neg_set_list_sum = []
neg_num_pos_list_sum = []
neg_num_neg_list_sum = []
boost_num_pos_list_sum = []
boost_num_neg_list_sum = []
excl_num_pos_list_sum =[]
excl_num_neg_list_sum =[]
```

程序 3-16 中，t3 数据帧的每一行都是按照前面讲述的步骤进行计算与评估的。

程序 3-16　评估 t3 数据帧

```
for i,row in t3.iterrows():
    full_txt_str = row["full_txt"]
    full_txt_set = set(full_txt_str.split())
    sum_txt_str = row["Summary"].lower()
    summary_txt_set = set(sum_txt_str.split())
    sent_len = len(full_txt_set)
    #### 正向集合和负向集合
    pos_set1 = (full_txt_set) & (pos_set)
    neg_set1 = (full_txt_set) & (neg_set)
    com_pos_sum = (summary_txt_set) & (pos_set)
    com_neg_sum = (summary_txt_set) & (neg_set)

#### 增强词与否定集
com_boost = (full_txt_set) & (booster_words)
com_negation = (full_txt_set) & (negation_words)
com_boost_sum = (summary_txt_set) & (booster_words)
com_negation_sum = (summary_txt_set) & (negation_words)
boost_num_pos=0
boost_num_neg=0
neg_num_pos=0
```

```
neg_num_neg =0
excl_pos_num=0
excl_neg_num = 0
boost_num_pos_sum=0
boost_num_neg_sum=0
neg_num_pos_sum=0
neg_num_neg_sum =0
excl_pos_num_sum=0
excl_neg_num_sum = 0
```

获取增强词、否定和感叹号集的计数器

```
if(len(com_boost)>0):
    boost_num_pos,boost_num_neg = booster_chks(com_boost,pos_set1,neg_
    set1,full_txt_str)
    boost_num_pos_sum,boost_num_neg_sum = booster_chks(com_boost_
    sum,com_pos_sum,com_neg_sum,sum_txt_str)

if(len(com_negation)>0):
    neg_num_pos,neg_num_neg = neg_chks(com_negation,pos_set1,neg_
    set1,full_txt_str)
    neg_num_pos_sum,neg_num_neg_sum = neg_chks(com_negation_sum,com_
    pos_sum,com_neg_sum,sum_txt_str)

if((full_txt_str.find("!")>=0) & ((neg_num_pos+neg_num_neg)==0)):
    excl_pos_num,excl_neg_num = excl(pos_set1,neg_set1,full_txt_str)
    excl_pos_num_sum,excl_neg_num_sum = excl(com_pos_sum,com_neg_
    sum,sum_txt_str)
```

计算总分

```
score_pos = len(pos_set1) + boost_num_pos - 2*neg_num_pos + 2*excl_
pos_num
score_pos_sum = len(com_pos_sum) + boost_num_pos_sum - 2*neg_num_pos_
sum + 2*excl_pos_num_sum

score_pos = score_pos + 1.5*score_pos_sum

score_neg = len(neg_set1) + 3*len(com_neg_sum) + boost_num_neg - 2*neg_
num_neg + 2*excl_neg_num
score_neg_sum = len(com_neg_sum) + boost_num_neg_sum - 2*neg_num_neg_
sum + 2*excl_neg_num_sum

score_neg = score_neg + 1.5*score_neg_sum
```

```
#### 最终判定
if((score_pos>0)|(score_neg>0)):
    if((score_neg>score_pos)):
        final_tag = "neg"
    elif(score_pos>score_neg):
        final_tag = "pos"
    else:
        if(full_txt_str.find("!")>=0):
            final_tag = "pos"
        else:
            final_tag = "neu"
else:
    if(full_txt_str.find("!")>=0):
        final_tag="pos"
    else:
        final_tag="neu"

#### 记录中间值以排除错误

final_tag_list.append(final_tag)
pos_score_list.append(score_pos)
neg_score_list.append(score_neg)
pos_set_list.append(pos_set1)
neg_set_list.append(neg_set1)
neg_num_pos_list.append(neg_num_pos)
neg_num_neg_list.append(neg_num_neg)
boost_num_pos_list.append(boost_num_pos)
boost_num_neg_list.append(boost_num_neg)
excl_num_pos_list.append(excl_pos_num)
excl_num_neg_list.append(excl_neg_num)

pos_set_list_sum.append(com_pos_sum)
neg_set_list_sum.append(com_neg_sum)
neg_num_pos_list_sum.append(neg_num_pos_sum)
neg_num_neg_list_sum.append(neg_num_neg_sum)
boost_num_pos_list_sum.append(boost_num_pos_sum)
boost_num_neg_list_sum.append(boost_num_neg_sum)
excl_num_pos_list_sum.append(excl_pos_num_sum)
excl_num_neg_list_sum.append(excl_neg_num_sum)
```

程序 3-17 为所有数据帧赋值以便了解准确性并识别发现任何改进的机会。

程序 3-17

```
t3["final_tags"] = final_tag_list
t3["pos_score"] = pos_score_list
t3["neg_score"] = neg_score_list

t3["pos_set"] = pos_set_list
t3["neg_set"] = neg_set_list

t3["neg_num_pos_count"] = neg_num_pos_list
t3["neg_num_neg_count"] = neg_num_neg_list

t3["boost_num_pos_count"] = boost_num_pos_list
t3["boost_num_neg_count"] = boost_num_neg_list

t3["pos_set_sum"] = pos_set_list_sum
t3["neg_set_sum"] = neg_set_list_sum

t3["neg_num_pos_count_sum"] = neg_num_pos_list_sum
t3["neg_num_neg_count_sum"] = neg_num_neg_list_sum

t3["boost_num_pos_count_sum"] = boost_num_pos_list_sum
t3["boost_num_neg_count_sum"] = boost_num_neg_list_sum

t3["excl_num_pos_count"] = excl_num_pos_list
t3["excl_num_neg_count"] = excl_num_neg_list

t3["excl_num_pos_count_sum"] = excl_num_pos_list_sum
t3["excl_num_neg_count_sum"] = excl_num_neg_list_sum
```

程序 3-18 是计算准确率、混淆矩阵及 F1 分数的程序代码。

程序 3-18 准确率、混淆矩阵和 F1 分数

```
sklearn.metrics import accuracy_score
print (accuracy_score(t3["score_bkt"],t3["final_tags"]))
0.8003448093872596

from sklearn.metrics import f1_score
f1_score(t3["score_bkt"],t3["final_tags"], average='macro')
0.502500231042986
```

可以看到程序 3-18 中的数值有所改善。再通过程序 3-19 和图 3-8 中的混淆矩阵来加以核实、验证。

程序 3-19　混淆矩阵

```
rows_name = t3["score_bkt"].unique()
from sklearn.metrics import confusion_matrix
cmat = pd.DataFrame(confusion_matrix(t3["score_bkt"],t3["final_tags"],
labels=rows_name, sample_weight=None))
cmat.columns = rows_name
cmat["act"] = rows_name
cmat
```

	pos	neg	neu	act
0	41060	2626	746	pos
1	3471	4169	487	neg
2	2992	1027	265	neu

图3-8　混淆矩阵

如上，与对中性文本的分类相比，对积极和消极文本的分类要好得多。这将使总体的 F1 得分 (Macro) 下降。然而，在中性类别下，现在的程序表现得非常糟糕，可以通过从总体中删除中性类别得分来重新复核 F1 得分。参见程序 3-20。

程序 3-20　从总体中剔除中性类别

```
t4 = t3.loc[(t3.score_bkt!="neu") & (t3.final_tags!="neu")].reset_index()
print (accuracy_score(t4["score_bkt"],t4["final_tags"]))
print (f1_score(t4["score_bkt"],t4["final_tags"],average='macro'))
0.8812103027705257
0.75425508403348
```

（5）优化代码

显然，目前采取的策略主要是面向正向（积极）和负向（消极）情绪分类的。对此，在接下来的程序中，将重点关注对中性情绪分类的优化问题。下面将要探讨的是针对包含中性类别和其他类别在内的一系列优化策略问题，并以当前的分数作为基准。

● **采用大写**（Capitalization）：借助于单词的大写形式来表示强度，类似于感叹号。有时大写的词本身就是情感词，也可以与情感词相邻，例如"EXTREMELY happy" or "EXTREMELY angry with the product."（"非常高兴"或"对产品非常生气"）。需要相应地识别大写单词，并相应地调整分数。

- **词库（Lexicons）**：可以尝试使用不同的词库。有一些词库为不同的情感词提供权重。发表在右方二维码网址 3-8 中的题为 *"A lexicon based method to search for extreme opinions"*（中文题目：基于词典的极端观点搜索方法）"的文章描述了一种从现有在线评分生成词库的方法。文章提出：使用给定评论中出现的带有评级（评分）的词作为词库的来源，然后将这些评级在所有评论中归一化，得出一个带有权重表的词库。该词库可用于任何分类目的。

- **使用语义指向来确定极性**：另一种方法是使用网络或任何其他外部资源来确定单词的极性。例如，可以查看"delight（高兴）"这个词与"good（好的）"这个词有多少页面点击量，还可以看到单词"delight"与单词"bad（坏的）"一起出现的页面点击量，可以通过比较这两者的结果判断"delight"一词的极性。下面的方法来自一篇名为 *"Thumbs up or thumbs down?: semantic orientation applied to unsupervised classification of reviews"*（中文题目：竖起大拇指还是表示反对？：语义定向在评论无监督分类中的应用）"的论文（发表该文的网址见右方二维码中网址 3-9）。该方法是：基于逐点互信息（point-wise mutual information，缩写为 PMI）以及 Jaccard 指数（Jaccard Index，本文中简记为 Jaccard）来计算、衡量已知正面词（例如"good"）与给定词汇之间的相似性。PMI 和 Jaccard 两者的计算公式分别如式（3-1）和式（3-2）所示。

$$\text{PMI} = \log\left[P(\text{word1}) \times P(\text{word2})/P(\text{word1, word2})\right] \quad (3\text{-}1)$$

$$\text{Jaccard} = P(\text{word1\&Word2})/\left[P(\text{Word1})+P(\text{Word2})-P(\text{Word1\&Word2})\right] \quad (3\text{-}2)$$

这里 P（Word1）或 P（Word2）是指该单词（Word1 或 Word2）在网络搜索引擎中的点击次数。P（Word1 和 Word2）是 Word 在同一查询中对 Word1 和 Word2 的点击次数。程序 3-21 和程序 3-22 用几个词语演示了该方法，可以使用给定单词和感兴趣的短语之间的网络搜索结果来获得语义指向。这种方法可以扩展到词典中的所有词汇，也可将这种方法应用于语料库或句子的形容词。下面的练习中，需要一个 Bing API 密钥来获取 Bing 搜索引擎中的点击数。创建 Bing API 密钥的步骤如下：

① 访问微软云计算服务平台。（网址见右方二维码中网址 3-10）

② 单击图 3-9 所示网页屏幕中的搜索 API 选项卡"Search APIs"。

图3-9　搜索API

③ 如图 3-10 所示页面，单击获取 API 密钥（Bing Search APIs V7）的"Get API Key"按钮。

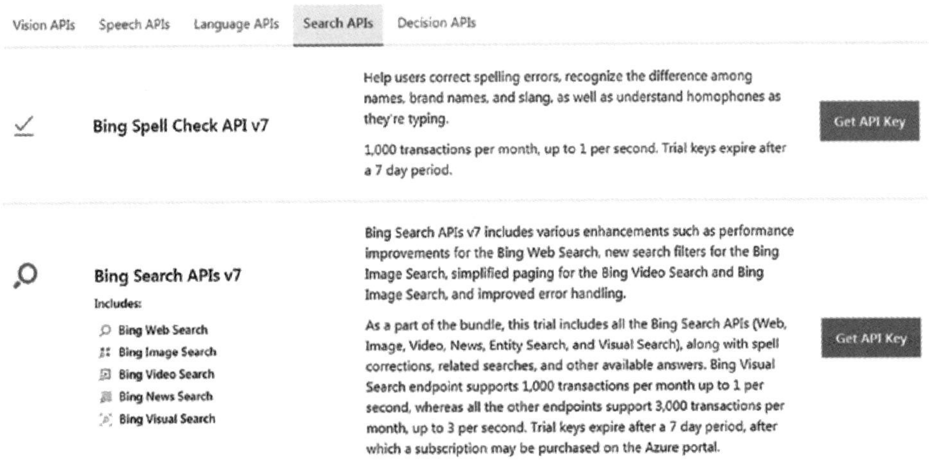

图3-10　获取API 密钥

④ 接下来将被要求登录。将看到一个类似于图 3-11 的页面。向下滚动以获取 Key 1。

图3-11　获取Key 1

拥有 Bing API 后，请按照以下步骤操作：

① 获取所锚定的词的点击次数。例如，对于正面极性（即积极性）的词，选用 "good" 一词作为锚定词，对于负面极性的，取 "bad" 作为锚定词。

② 对于感兴趣的单词列表中的每个单词，获取总点击数。

③ 对于每个单词，获取该单词和每个锚定词的总点击数。

④ 计算 PMI 和 Jaccard 指标。当点击数低于阈值时，则认为该分数无效，这样做的原因是很大一部分点击可能只是偶然。由于这些是网络搜索，为排除这些偶然点击带来的噪声影响，需要将阈值保持在几百万。如此处理是以一篇题为 "Measuring semantic similarity between words using web search engines（中文题目：利用网络搜索引擎测量词语之间的语义相似度）" 的论文（网址见右方二维码中网址 3-11）为依据的。

⑤ 最后，比较词汇的得分并标记其极性（即该词汇的情感表达属性是正面的还是负面的，或者是积极的还是消极的）。

开始实践，请看程序 3-21。

第 3 章
网址合集

程序 3-21

```
import requests
```

```
import numpy as np
search_url = https://api.cognitive.microsoft.com/bing/v7.0/search
headers = {"Ocp-Apim-Subscription-Key": "your-key"}
```

在程序 3-22 中，get_total 获取给定查询的单词总数，get_query_word 通过将感兴趣的单词与属性为积极的或消极的锚定单词组合起来准备查询。

程序 3-22

```
def get_total(query_word):
    params = {"q": query_word, "textDecorations": True, "textFormat": "HTML"}
    response = requests.get(search_url, headers=headers, params=params)
    response.raise_for_status()
    search_results = response.json()

    return search_results['webPages']['totalEstimatedMatches']
def get_query_word(str1,gword,bword):
    str_base = gword
    str_base1 =bword
    query_word_pos = str1 + "+" + str_base
    query_word_neg = str1 + "+" + str_base1

    return query_word_pos,query_word_neg
```

在程序 3-23 中，get_pmi 和 get_jaccard 这两个函数将根据式（3-1）和式（3-2）分别计算，并得到所有输入参数下的逐点互信息 PMI 得分和 Jaccard 得分。如果点击次数不足，则标记为"na"。

程序 3-23

```
def get_pmi(hits_good,hits_bad,hits_total,sr_results_pos_int,sr_results_neg_int,str1_tot):
    pos_score = "na"
    neg_score = "na"
    if(sr_results_pos_int>=1000000):
        pos_score = np.log((hits_total*sr_results_pos_int)/(hits_good*str1_tot))
    if(sr_results_neg_int>=1000000):
        neg_score = np.log((hits_total*sr_results_neg_int)/(str1_tot*hits_bad))
    return pos_score,neg_score
def get_jaccard(hits_good,hits_bad,sr_results_pos_int,sr_results_neg_int,
```

```
str1_tot):
    pos_score = "na"
    neg_score = "na"
    if(sr_results_pos_int>=1000000):
        pos_score = sr_results_pos_int/(((str1_tot+hits_good)-sr_results_
            pos_int))
    if(sr_results_neg_int>=1000000):
        neg_score = sr_results_neg_int/(((str1_tot+hits_bad)-sr_results_
            neg_int))
    return pos_score,neg_score
```

现在，需要以列表的方式定义想要了解极性的锚定词和感兴趣的词（如定义列表1的列表变量为 list1）。在是锚定词的情况下，需要了解当这些词中的任何一个出现时的总点击次数[将此空间定义为经验领域（universe）]，这是计算 PMI 和 Jaccard 这两个分值所必需的。另一项需要注意的事项是：因为感兴趣的是在评论中出现的具有代表性的用以表达情感的词，所以应在搜索范围中添加"评论（reviews）"一词，这将对情感词出现的上下文（即语境）起到主导控制的作用。以上这些是作者已经实际应用过的优化方法，请读者结合自己手头上待解决问题的实际情况加以适当修改。参见程序 3-24。

程序 3-24

```
gword = "good"
bword = "bad"

hits_good =get_total(gword)
hits_bad =get_total(bword)
hits_total = get_total(gword + " OR " + bword)

list1= ["delight","pathetic","average","awesome","tiresome","angry","furio
us"]
```

现在可以遍历这个列表（即 list1）并确定每个单词的极性，最后输出的极性可以是正向的、负向的或不确定的，见程序 3-25。

程序 3-25 确定极性

```
for i in list1:
    str1 = i + "+reviews"
    str1_tot = get_total(str1)
```

```
query_word_pos,query_word_neg =get_query_word(str1,gword,bword)
sr_results_pos_int = get_total(query_word_pos)
sr_results_neg_int = get_total(query_word_neg)
pmi_score = get_pmi(hits_good,hits_bad,hits_total,sr_results_pos_
int,sr_results_neg_int,str1_tot)
jc_score = get_jaccard(hits_good,hits_bad,sr_results_pos_int,sr_
results_neg_int,str1_tot)

if(pmi_score[0]=="na" or pmi_score[1]=="na"):
    print (i,"pmi indeterminate")
elif(pmi_score[0]>pmi_score[1]):
    print (i,"pmi pos")
elif(pmi_score[0]<pmi_score[1]):
    print (i,"pmi neg")
else:
    print (i,"pmi neutral")
if(jc_score[0]=="na") or (jc_score[1]=="na"):
    print (i,"jc indeterminate")
elif(jc_score[0]>jc_score[1]):
    print (i,"jc pos")
elif(jc_score[0]<pmi_score[1]):
    print (i,"jc neg")
else:
    print (i,"jc neutral")
```

极性的输出如程序 3-26 所示。有些输出,比如"平均值(average)"一词,其结果是正的,这是因为没有对中性状态进行定义。则可以添加一个条件,即如果正负之间的差值在给定的阈值范围之内,则表示单词为中性。

程序 3-26　极性的输出

```
delight pmi pos
delight jc pos
pathetic pmi neg
pathetic jc neg
average pmi pos
average jc pos
awesome pmi indeterminate
awesome jc indeterminate
tiresome pmi indeterminate
tiresome jc indeterminate
angry pmi neg
angry jc neg
```

```
furious pmi neg
furious jc neg
```

也可以使用其他语料库，比如维基百科（Wikipedia）或新闻语料库。也可以尝试使用不同的锚定词组合以及其他背景下的词（在之前的例子中，采用的是"评论"一词）以获得更好的结果。

3.4.7 情绪分析库

还有一些标准库可以用来进行情绪分析。它们提供了"开包即用（out-of-the-box）"的情绪分析功能，但是必须使用得当才能取得良好效果。如果它们适合要解决的问题，则应用它们就可以形成一个快速而又有鲁棒性的解决方案。还可以将其与他们所用的方法或算法一起使用，或者作为独立的解决方案使用。Vader（Valence-Aware Dictionary and Impression Reasoner）是一个可以进行情感分析并提供单词极性和权重的 Python 库。最初的原创研究论文的标题为"Vader: A parsimonious rule-based model for sentiment analysis of social media text（中文标题为 Vader: 一个用于社交媒体文本情感分析的基于规则的精简模型）"。该论文所在网址见右方二维码中网址 3-12。从根本上来说，Vader 是从成熟的词库和社交媒体语料库中提取了一组词，每个单词都由一组评分者按照一种群体智慧的方法给出一个极性分数，从而得出最终的词和它们的权重。程序 3-27 给出了使用 pip install 命令安装 Vader 库的方法。

程序 3-27 安装 Vader 库

```
!pip install vaderSentiment
```

程序 3-28 提供了一种使用 Vader 库的快速方法。

程序 3-28 使用 Vader 库

```
from vaderSentiment.vaderSentiment import SentimentIntensityAnalyzer
analyser = SentimentIntensityAnalyzer()
score = analyser.polarity_scores("I am good")
score
{'neg': 0.0, 'neu': 0.256, 'pos': 0.744, 'compound': 0.4404}
```

本例中的复合分数是该句子极性的最终加权分数。积极和消极的分数是通过统计属于这一极性词的百分比来计算的，它们的总和为 1。

3.5 方法 3：基于机器学习的方法（神经网络）

由于拥有用户提供的最终评分，因此可以尝试拟合出一个有监督的模型。在案例中，建立监督模型的一种方法是使用 Summary（摘要）和 Text（文本）列中的所有文本作为特征，将 score_bkt 作为目标变量，然后对机器学习模型进行拟合，这种方法的一个问题是，模型可能会因产品名称或某一产品类别的评分较高或较低而产生偏差。另一种方法是使用先前创建的词汇特征作为模型中的特征。表 3-5 给出了在基于词汇的方法中创建的中间变量，可以在此基础上再添加更多的变量并构建模型。

表3-5 中间变量

词汇特征	变量的定义
sent_len	文本的长度
pos_score	通过词汇法得到的正向分数
neg_score	通过词汇法得到的负向分数
neg_num_pos_count	靠近积极词的消极词数量
neg_num_neg_count	靠近消极词的消极词数量
boost_num_pos_count	靠近积极词的增强词（即强调词）数量
boost_num_neg_count	靠近消极词的增强词（即强调词）数量
neg_num_neg_count_sum	靠要中接近消极词的消极词数量
boost_num_pos_count_sum	摘要中接近积极词的增强词（即强调词）数量
boost_num_neg_count_sum	摘要中接近消极词的增强词（即强调词）数量
excl_num_pos_count	积极词附近的感叹号数
excl_num_neg_count	消极词附近的感叹号数
excl_num_pos_count_sum	摘要中积极词附近的感叹号数
excl_num_neg_count_sum	摘要中消极词附近的感叹号数

3.5.1 语料库的特征

有了语料库的文本和摘要,就可以使用 TF-IDF 向量器来创建特征词袋。由于要创建的是一个通用的情感分析模块,所以只能从语料库中选择与情绪或情感相关的词,这是重要的一步,因为使用所有单词(包括宠物食品名称、糖果名称等)可能会使模型偏向于学习与产品及其相关情绪相关联的模式。创建两组特征单词集:一组只包含形容词,而另一组只包含停止词。请注意,在第 2 章的分类例子中,删去了停止词,但在这里,将使用停止词作为唯一的特征集。然后,组合这两个特征集,并使用 score_bkt 作为因变量训练神经网络,调整类别权重以获得最佳模型,该模型将在所有级别或层面上发挥良好的分类功能。此处使用的是 NLTK 库(版本 3.4.3),参见程序 3-29 和程序 3-30。

程序 3-29
```
import pandas as pd
from sklearn.linear_model import LogisticRegression
import nltk
import warnings
import stop_words
warnings.filterwarnings('ignore')
```

程序 3-30
```
t1 = pd.read_csv("lexicon_sent_processed.csv")
tgt = t1.loc[:,"score_bkt"]
```

程序 3-31 ~ 程序 3-33 给出了获取文本特征的函数。函数 cnv_str 将正向、负向集合转换为字符串,以便在模型中对其进行矢量化和使用。函数 filter_pos 只过滤 Text(文本)和 Summary(摘要)中的形容词。函数 get_stop_words 只保留文本语料库中的 stop_(停止词)单词。

程序 3-31
```
def cnv_str(x):
    x1 = list(eval(x))
    x2 = ' '.join(x1)
    return x2
```

程序 3-32
```python
def filter_pos(fltr,sent_list):
    str1 = ""
    for i in sent_list:
        if(i[1]=="JJ"):
            str1 = str1 + i[0].lower() + " "
    return str1
```

程序 3-33
```python
def get_stop_words(sent):
    list1 = set(sent.split())
    st_comm = list(list1 & st_set)
    st_comm = ' '.join(st_comm)
    return st_comm
```

程序 3-34 的功能是将这些函数应用于正向、负向集合和文本字段。

程序 3-34
```python
t1["pos_set1"] = t1["pos_set"].apply(cnv_str)
t1["neg_set1"] = t1["neg_set"].apply(cnv_str)
t1["pos_neg_comb"] = t1["pos_set1"] + " " + t1["neg_set1"]

get_pos_tags = nltk.pos_tag_sents(t1["Text"].str.split())

str_sel_list = []
for i in get_pos_tags:
    str_sel = filter_pos("JJ",i)
    str_sel_list.append(str_sel)
t1["pos_neg_comb_adj"] = t1["pos_neg_comb"] + str_sel_list
st1 = stop_words.get_stop_words('en')
st_set = set(st1)
onl_stop_words = t1["full_txt"].apply(get_stop_words)
t1["pos_neg_comb_adj_st"] = t1["pos_neg_comb_adj"] + onl_stop_words
```

程序 3-35 的功能是实现分层拆分，用于制作训练和测试数据集以获得样本准确性评价。

程序 3-35
```python
from sklearn.model_selection import StratifiedShuffleSplit
sss = StratifiedShuffleSplit(test_size=0.8,random_state=42,n_splits=1)
```

```
for train_index, test_index in sss.split(t1, tgt):
    x_train, x_test = t1[t1.index.isin(train_index)], t1[t1.index.
    isin(test_index)]
    y_train, y_test = t1.loc[t1.index.isin(train_index),"score_bkt"],
    t1.loc[t1.index.isin(test_index),"score_bkt"]
```

程序 3-36 中只保留了词汇特征。在另一步骤中处理文本特征，并与数字数组 x_train1 和 x_test1 连接。参见图 3-12。

程序 3-36

```
inde_vars = ["sent_len", "pos_score", "neg_score", "neg_num_pos_count",
"neg_num_neg_count", 'boost_num_pos_count', 'boost_num_neg_count',
'neg_num_pos_count_sum', 'neg_num_neg_count_sum', 'boost_num_pos_count_
sum',
'boost_num_neg_count_sum', 'excl_num_pos_count', 'excl_num_neg_count',
'excl_num_pos_count_sum', 'excl_num_neg_count_sum']
x_train1 = x_train[inde_vars]
x_test1 = x_test[inde_vars]
x_train1.head()
```

	sent_len	pos_score	neg_score	neg_num_pos_count	neg_num_neg_count	boost_num_pos_count	b
5	42.0	3.0	0.0	0	0	0	0
7	38.0	1.0	5.5	0	0	0	0
40	97.0	8.0	0.0	0	1	0	0
47	45.0	8.5	0.0	0	0	0	1
48	88.0	2.0	3.0	0	0	0	0

图3-12 词汇特征

程序 3-36 给出了数据集中的数字特征。现在，可以对包含形容词、停止词以及正向、负向匹配词的各列进行矢量化，并创建矩阵。参见程序 3-37。

程序 3-37

```
from sklearn.feature_extraction.text import TfidfVectorizer

tfidf_vectorizer = TfidfVectorizer(min_df=0.001,analyzer=u'word',
ngram_range=(1,1))
tfidf_matrix_tr = tfidf_vectorizer.fit_transform(x_train["pos_neg_comb_
adj_st"])
```

```
tfidf_matrix_te = tfidf_vectorizer.transform(x_test["pos_neg_comb_adj_
st"])

x_train2= tfidf_matrix_tr.todense()
x_test2 = tfidf_matrix_te.todense()
```

x_train2 和 x_test2 分别是处理一组文本特征的矩阵,然后需将其与数值矩阵 x_train1 和 x_test2 连接起来。参见程序 3-38。

程序 3-38
```
import numpy as np
x_train3 = np.concatenate([x_train1,x_train2],axis=1)
x_test3 = np.concatenate([x_test1,x_test2],axis=1)
```

对于要构建的以 score_bkt 作为目标变量的神经网络分类器而言,特征的标准化是十分重要的,可以使用最小 - 最大(min-max)标度对特征进行标准化。程序 3-39 给出了使用 sklearn 库中 sklean 函数进行 min-max 标度计算的标准化过程。

$$X\_std = (X - X.min(axis=0)) / (X.max(axis=0) - X.min(axis=0))$$
$$X\_scaled = X\_std \times (max - min) + min$$

程序 3-39　最小 - 最大标度
```
from sklearn import preprocessing
min_max_scaler = preprocessing.MinMaxScaler()
x_train_scaled = min_max_scaler.fit_transform(x_train3)
x_test_scaled = min_max_scaler.transform(x_test3)
```

恰如在上一章中所做过的,可以使用特征选择算法减少特征的数量。请参见程序 3-40。

程序 3-40
```
from sklearn.feature_selection import SelectPercentile, f_classif
selector = SelectPercentile(f_classif, percentile=40)
selector.fit(x_train3,y_train)
x_train4 = selector.fit_transform(x_train_scaled,y_train)
x_test4 = selector.transform(x_test_scaled)
```

还需要将分类目标变量转换为独热编码 ❶（one-hot encoding）形式。独热编码是一种数据编码形式，在这种模式下，每个类别（或极性）都由其他类别（或极性）的缺失和该类别（或极性）的存在来表示，所以正向可以表示为 100，负向为 010，中性则为 001。参见程序 3-41。

程序 3-41 独热编码

```
from sklearn.preprocessing import LabelEncoder
from keras.utils import np_utils
le = LabelEncoder()
y_train1 = le.fit_transform(y_train)
y_train2 = np_utils.to_categorical(y_train1)
y_test1 = le.transform(y_test)
print (y_train2.shape)
(11368, 3)
```

3.5.2 构建神经网络

现在已经有了确切定义且恰当表达的自变量和因变量，可以开始构建神经网络。要构建的神经网络将是一个包含四层神经元的浅层网络，且层中节点数量随着网络层级的增加而减少。这个网络层数可以是 500、200、100 或 50 层，但最后一层只拥有三个 softmax 激活函数的输入节点，因为正在解决的是一个具有三个类别的多分类问题。请注意调整网络的参数以获得更好的结果。由于这是一个不平衡的分类问题，则需要给神经网络提供一个有利于较低类别的类权重。参见程序 3-42～程序 3-45。

程序 3-42

```
import tensorflow as tf
import keras
from keras.models import Sequential
from keras.layers import Dense
from keras.layers import Input, Dense, Dropout
from keras.models import Model
from keras.utils import to_categorical
from keras.optimizers import Adam
```

---

❶ 独热编码即 One-Hot 编码，又称一位有效编码，其方法是使用 N 位状态寄存器来对 N 个状态进行编码，每个状态都有它独立的寄存器位，并且在任意时候，其中只有一位有效。——译者注

程序 3-43

```python
def get_nn_mod(list_layers,dp):
    model = Sequential()
    model.add(Dense(list_layers[0], input_dim=x_train4.shape[1],
        activation='tanh', kernel_initializer='lecun_uniform'))
    model.add(Dropout(dp))
    for i in list_layers[1:]:
        model.add(Dense(i, input_dim=x_train4.shape[1], activation='tanh'))
        model.add(Dropout(dp))
    model.add(Dense(3, activation='softmax'))
    opt = Adam(0.0001)
    # 编译模型
    model.compile(optimizer=opt, loss='categorical_crossentropy',
                    metrics=['accuracy'])
    return model
```

程序 3-44

```python
list_layers = [500,200,100,50]
class_weight = {0:0.2,1:0.6,2:0.2}

model = get_nn_mod(list_layers,0.1)
```

程序 3-45

```python
model.fit (x_train4,y_train2, batch_size=100, epochs=20,class_weight=class_
    weight, verbose=2,validation_split=0.2)
```

模型拟合后,需要检查准确性和 F1 分数。可以看到,准确度与之前所用词汇法得到的结果相比仍然是保持一致的,但 F1 分数有了显著提高,混淆矩阵也是如此,参见程序 3-46、程序 3-47 和图 3-13。

程序 3-46

```python
pred=model.predict_classes(x_test4)
from sklearn.metrics import accuracy_score
from sklearn.metrics import f1_score
ac1 = accuracy_score(y_test1, pred)
print (ac1, f1_score(y_test1, pred, average='macro'))
0.8045519516217702 0.5858385721186434
```

程序 3-47

```python
from sklearn.metrics import confusion_matrix
rows_name = t1["score_bkt"].unique()
pred_inv = le.inverse_transform(pred)
cmat = pd.DataFrame(confusion_matrix(y_test, pred_inv, labels=rows_
name,
sample_weight=None))
cmat.columns = rows_name
cmat["act"] = rows_name
cmat
```

	pos	neg	neu	act
0	31959	1033	2554	pos
1	1614	3378	1510	neg
2	1563	766	1098	neu

图3-13　混淆矩阵

3.5.3　加以完善

通过添加诸如副词、连词、大写词等其他文本特征，可以改进神经网络模型，以进一步提升其性能。也可以相应地稍加调整超参数和类别权重，以获得更好的 F1 分数而又不损失准确性。

3.6　属性提取

当分析评论中所包含的情绪时，会发现顾客对同一产品的看法可谓众说纷纭。例如，"这款手机有一个高性能相机，但它的电池很差。"这篇评论对相机的评价是非常正面的，而对电池的评价则是非常负面的。首先，需要提取属性，然后识别、确定与每个属性相关联的情感极性，正面（积极）的、负面（消极）的还是中性的，在这三个极性中选择。下面给出一个关于属性提取的小例子。PromptCloud（网址见右方二维码中网址 3-13）提取了 40 万条亚马逊（Amazon）上对于手机解锁的评论组成数据集，有关数据集的详细信

第 3 章
网址合集

第 3 章
网址合集

息可以通过访问左侧二维码中网址 3-14 找到。此数据集包含了顾客对各种手机和品牌的评论。这个练习的目的在于从每个评论中提取属性，然后将其与正面和负面评级相关联。要了解每个品牌与其他品牌相比具有最高评价的属性，第一步则需要将属性提取出来，然后将其与评级相关联。参见程序 3-48 和图 3-14。

程序 3-48

```
import pandas as pd
import nltk
pd.options.display.max_colwidth=1000
t1 = pd.read_csv("Amazon_Unlocked_Mobile.csv")
t1.shape
(413840, 6)
t1.head()
```

图3-14 提取属性并关联评级

因为可能还需要获取更长一些的评论，所以每条评论要保持至少 10 个字符的最低截断限度。鉴于现在做的是样本（属性提取）练习，为了在示例中快速迭代，这里只保留了 10% 的数据。参见程序 3-49。

程序 3-49

```
t2 = t1[t1.Reviews.str.len()>=10]
t3 = t2.sample(frac=0.01)
```

按照图 3-15 所示流程图给出的步骤就可以完成类似评论相关的数据属性提取。

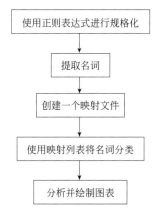

图3-15 类似评论相关的数据属性提取步骤

① 使用正则表达式来规范字符或单词,如英寸、美元($)、GB 等。作者创建了一个正则表达式映射文件,其中每个正则表达式都对应一个需要替换的单词,例如,美元符号($)可以用单词"dollar"替换。还可以在一个单独的列中提取和收集替换的单词,这一操作将在步骤③中执行。

② 用 NLTK 提取名词短语。属性通常是名词或名词形式(NN 或 NNP 或 NNS)。需要将提取的名词传递到下一步。并非所有名词都是属性,因此该步骤的作用类似于过滤器。

③ 创建一个将属性映射到各种属性类别的映射文件。作者通过查看语料库中提取的热门名词以及使用评论网站中所用的移动规范创建了属性列表。

④ 只要有匹配项并且捕获到评论中的属性,名词列表以及在步骤①中提取到的正则表达式映射就会被传递给步骤③中所创建的映射文件,映射文件将单词映射到属性。例如,将单词"GB"归属为"存储(storage)"。

⑤ 逐一将每个评论映射到一个属性后,就可以对已经评级的各个属性进行分割,并获得分析和所需的输出。

下面将详细分析以上步骤,并附详细代码。

3.6.1 步骤 1:使用正则表达式进行规范化

程序 3-50 给出的是从一个文件中读取正则表达式映射的程序代码,并且给出了示例文件的各行样式,参见图 3-16。

程序 3-50
```
rrpl = pd.read_csv("regex_repl.csv")
rrpl.head()
```

	repl	word
0	[0-9.]+"	inches
1	[0-9.]+ "	inches
2	[0-9.]+ inch	inches
3	inch	inches
4	[0-9]+mm	millimeters

图3-16　示例文件各行样式

下面介绍如何使用一个函数将句子中提取出的正则表达式替换为相应的单词的方法。变量 words_Coll 是被提取和映射的单词集合，倘若 Reviews1 中被替换的单词未被"词性"（"part-of-speech"）标记器识别为名词形式，那么，仍然可以通过使用上页步骤③中用变量 words_Coll 提取到的名词表，来确保它们直到最终的映射过程都是可用的。参见程序 3-51。

程序 3-51
```
def repl_text(t3,to_repl,word_to_repl):
    t3["Reviews1"] =t3["Reviews1"].str.replace(to_repl,word_to_repl)
    ind_list = t3[t3["Reviews"].str.contains(to_repl)].index
    t3.loc[ind_list,"words_Coll"] = t3.loc[ind_list,"words_Coll"] + " " + word_to_repl

    return t3
```

在程序 3-52 中，对评论文本执行按行迭代（即 for 循环代码段）和模式替换，并将替换的单词保存在单独的列栏目中。

程序 3-52
```
t3["Reviews1"] = t3["Reviews"].str.lower()
t3["words_Coll"] = ""
for index,row in rrpl.iterrows():
    repl = row["repl"]
```

```
            word = row["word"]
            t3 = repl_text(t3,repl,word)
```

本步骤的最后,将得到两个列:Reviews1(替换模式下的文本)和 words_Coll(从该模式中提取的单词)。

3.6.2 步骤2:提取名词形式

现在,将通过使用如下几个基于 filter_pos( ) 函数的功能函数来实现名词形式的提取。此处的"fltr"是要传递给函数的变量。该变量可被重复使用,也可以通过该变量来尝试提取其他词性标记(也称词性标签,part-of-speech tags)。参见程序 3-53 和程序 3-54。

程序 3-53
```
def filter_pos(fltr,sent_list):
    str1 = ""
    for i in sent_list:
        if(i[1].find(fltr)>=0):
            str1 = str1 + i[0].lower() + " "
    return str1
```

程序 3-54
```
get_pos_tags = nltk.pos_tag_sents(t3["Reviews1"].str.split())
str_sel_list = []
for i in get_pos_tags:
    str_sel = filter_pos("NN",i)
    str_sel_list.append(str_sel)
```

变量 str_sel_list 包含名词形式属性,它与变量 words_Coll 结合使用。这样做的目的是确保所有被替换的单词都是分析的一部分,即使它们被词性标记器遗漏。参见程序 3-55。

程序 3-55
```
t3["pos_tags"] = str_sel_list
t3["all_attrs_ext"] = t3["pos_tags"] + t3["words_Coll"]
```

all_attrs_cxt 被用来把属性映射到类别。

3.6.3 步骤 3：创建映射文件

在此步骤中，需要创建一个映射文件。可以刷手机评论网站，然后生成映射文件。作为示例，具体可参见左侧二维码中网址 3-15 中的规范样例。

第 3 章
网址合集

- 机身：金属框架，正面和背面为"大猩猩玻璃"（Gorilla Glass）品牌第 5 代，208g。
- 显示屏：6.67 英寸 IPS 液晶显示屏，120Hz，HDR10，1080×2400px 分辨率，20:9 纵横比，395ppi。
- 后置摄像头：主摄，64MP，f/1.89 孔径，1/1.7″，0.8μm 像素，PDAF。广角，8MP，f/2.2，1/4″，1.12μm 像素。微距相机，2MP，f/2.4，1/5″，1.75μm。深度传感器，2MP；2160p@30fps，1080p@30/60/120fps，720p@960fps 视频录制。
- 前置摄像头：主摄，20MP，f/2.2 光圈，0.9 μm 像素。深度传感器，2MP；1080p/30fps 视频录制。
- OS（操作系统）：Android 10；MIUI 11。
- 芯片：骁龙（Snapdragon）730G (8nm)：8 核 (2×2.2 GHz Kryo 470Gold & 6×1.8 GHz Kryo 470 Silver)，Adreno 618 GPU。
- 内存：6/8GB RAM；64/128/256GB UFS 2.1 存储；共享 microSD 插槽。
- 电池：4500mAh；27W 快充。
- 网络互连（连通性）：双卡；LTE-A，4 波段载波聚合，LTE Cat-12/Cat-13；USB-C；Wi-Fi a/b/g/n/ac；双频 GPS；蓝牙 5.0；调频收音机；NFC；红外遥控。
- 其他：侧装式指纹读取器；3.5mm 音频插孔。

例如，rear（后置）和 front（前置）可以映射到相机（Camera）。LTE、Wi-Fi 等可以映射到 Network（网络）。通过查看各种评论网站，将属性类别规范化为以下类别：

1. Communication(Comm)（通信）
2. Dimension（外形尺寸）
3. Weight（重量）
4. Build（材质）

5. Sound（音效）

6. Sim（Sim 卡）

7. Display（显示）

8. Operating system（操作系统）

9. Performance（性能）

10. Price（价格）

11. Battery（电池）

12. Radio（无线）

13. Camera（相机）

14. Keyboard（键盘）

15. Apps（应用程序）

16. Warranty（质保）

17. Guarantee（保修）

18. Call quality（通话质量）

19. Storage（存储容量）

Attr_cat.csv 是一个映射文件，快速浏览映射文件如表 3-6 所示。

表3-6 快速浏览映射文件

words	cat
gsm	comm
hspa	comm
lte	comm
2g	comm
3g	comm
4g	comm
millimeters	dimensior
centimeters	dimensior
kilograms	weight
glass	build
gorilla	build
plastic	build
volume	sound

还可以从 str_sel_list 中获得热门名词列表，该列表可用于小范围地调整类别属性的映射列表。任何出现在热门列表中但不在映射文件中的名词都应该在映射列表内。参见程序 3-56 和图 3-17。

程序 3-56

```
### 得到最热门词汇
from collections import Counter
str_sel_list_all = ' '.join(str_sel_list)
str_sel_list_all = str_sel_list_all.replace('.','')
str_sel_list_all_list = Counter(str_sel_list_all.split())
str_sel_list_all_list.most_common()
```

```
[('i', 3812),
 ('phone', 3722),
 ('battery', 486),
 ('screen', 463),
 ('product', 335),
 ('time', 306),
 ('price', 299),
 ('phone,', 287),
```

图 3-17　热门名词列表

3.6.4　步骤 4：将每个评论映射到属性

有了映射文件之后，通过迭代将每个评论映射到相应属性，参见程序 3-57。

程序 3-57

```
attr_cats = pd.read_csv("attr_cat.csv")

attrs_all = []
for index,row in t3.iterrows():
    ext1 = row["all_attrs_ext"]
    attr_list = []
    for index1,row1 in attr_cats.iterrows():
        wrd = row1["words"]
        cat = row1["cat"]
        if(ext1.find(wrd)>=0):
            attr_list.append(cat)
    attr_list = list(set(attr_list))
    attr_str = ' '.join(attr_list)
    attrs_all.append(attr_str)
```

数据帧中的 attrs_all 列包含所提取到的属性。

3.6.5 步骤 5：品牌分析

现在，将在不同类别的比较中进行不同品牌的分析。为此，选择最热门的品牌，并将它们评级分类至 pol_tag 中。品牌评级为 4 级和 5 级的属于高评级，将被归类为正向；评级为 1 级和 2 级的属于低评级，将被归类为负向；评级 3 的将被归类为中性。参见程序 3-58。

程序 3-58 评级分类

```
t3["attrs"] = attrs_all
t3["pol_tag"] = "neu"
t3.loc[t3.Rating>=4,"pol_tag"] = "pos"
t3.loc[t3.Rating<=2,"pol_tag"] = "neg"
```

热门品牌是指在样本数据集中至少有 100 条评论的品牌，参见程序 3-59。

程序 3-59 热门品牌

```
brand_df = pd.DataFrame(t3["Brand Name"].value_counts()).reset_index()
brand_df.columns = ["brand","count"]
brand_df1 = brand_df[brand_df["count"]>=100]
brand_list = list(brand_df1["brand"])
['Samsung',
 'BLU',
 'Apple',
 'LG',
 'Nokia',
 'Motorola',
 'BlackBerry',
 'CNPGD',
 'HTC']
```

程序 3-59 的输出是数据集中热门品牌的列表，对它们进行同样的分析。通过使用以下函数可以算得最常见的正面评分属性和最常见的负面评分属性。创建一个参变量 col3，该变量由每个属性的正负得分之比来定义，该变量将在整体层面评级以及每个品牌评级分析时被调用。现在可以比较不同品牌的正负得分比例，并进一步得到对每个品牌的认知见解（或主张）。参见程序 3-60。

程序 3-60
```
def get_attrs_df(df1,col1,col2,col3):
list1 = ' '.join(list(df1.loc[(df1.pol_tag=='pos'),"attrs"]))
list2 = Counter(list1.split())
df_pos = pd.DataFrame(list2.most_common())

list1 = ' '.join(list(df1.loc[df1.pol_tag=='neg',"attrs"]))
list2 = Counter(list1.split())
df_neg = pd.DataFrame(list2.most_common())

df_pos.columns = ["attrs",col1]
df_neg.columns = ["attrs",col2]
df_all = pd.merge(df_pos,df_neg,on="attrs")
df_all[col3] = df_all[col1]/df_all[col2]

return df_all
```

如程序 3-61，首先调用 df_gen 函数以获取最常见的正向属性、最常见的负向属性，以及数据帧中出现的属性。然后对于品牌列表中的每个品牌，通过迭代的方式循环调用该函数。参见程序 3-61 和图 3-18。

程序 3-61
```
df_gen = get_attrs_df(t3,"pos_count","neg_count","ratio_all")

for num,i in enumerate(brand_list):
    brand_only_df = t3.loc[t3["Brand Name"]==i]
    col1 = 'pos_count_' + i
    col2 = "neg_count_" + i
    col3 = "ratio_" + i

    df_brand = get_attrs_df(brand_only_df,col1,col2,col3)

    df_gen = pd.merge(df_gen,df_brand[["attrs",col3]],how='left',on="attrs")
df_gen
```

图 3-18 中的第一列 ratio_all 是属性的总分。总的来说，人们对相机的评价的正面性更强（即相机更受欢迎），而对价格的评价则最为负面（即在价格上的认可度最低，最不受欢迎）。从价格上评判，会看到 BLU 品牌似乎比其他品牌更受青睐。在相机方面，苹果（Apple）和黑莓（Blackberry）则脱颖而出。可以在热门品牌和属性的相对分数之间（由正向得分到负向得分）绘制出一个图表，但要按照

attrs	ratio_all	ratio_Samsung	ratio_BLU	ratio_Apple	ratio_LG	ratio_Nokia	ratio_Motorola	ratio_BlackBerry	ratio_CNPGD	ratio_HTC
battery	1.64	2.14	1.97	1.15	1.47	1.89	1.67	0.60	1.60	1.11
camera	3.35	3.78	3.50	4.00	3.40	3.80	4.00	2.00	1.50	3.00
display	1.67	2.67	2.15	0.65	2.57	1.75	2.67	0.25	0.10	0.71
price	1.06	1.13	2.21	0.64	3.00	0.86	0.67	0.67	0.36	0.11
comm	1.84	4.20	1.73	1.00	3.50	3.67	4.00	1.33	0.60	2.00

图3-18　属性得分

matplotlib 所要求的格式准备数据。首先要收集热门品牌所有得分项列的名称。参见程序 3-62 和图 3-19。

程序 3-62

```
ratio_list = []
for i in brand_list:
    ratio_list.append("ratio_" + i)
ratio_list
```

```
['ratio_Apple',
 'ratio_Samsung',
 'ratio_BLU',
 'ratio_LG',
 'ratio_Nokia',
 'ratio_BlackBerry',
 'ratio_Motorola',
 'ratio_HTC',
 'ratio_CNPGD']
```

图3-19　热门品牌得分项列的名称

接下来，将每一列中的所有数值做成一个列表，并作为一个列表（lists）的子列表。列表中的每一组列表（list_all）对应于一个品牌，每个列表对应的一组值表示对该品牌感兴趣的属性。此处，已经获取了数据帧开头的属性：电池、显示器、相机、价格、通信和操作系统。参见程序 3-63 和图 3-20。

程序 3-63

```
import matplotlib.pyplot as plt
cols = ["battery","display","camera","price","comm","os"]
list_all = []
for j in ratio_list:
    list1 = df_gen.loc[df_gen.attrs.isin(cols),j].round(2).fillna(0).
    values.flatten().tolist()
    list_all.append(list1)
list_all
```

```
[[2.62, 2.88, 4.12, 3.75, 1.75, 7.5],
 [0.63, 1.78, 2.2, 0.43, 0.2, 0.44],
 [1.52, 2.0, 2.15, 1.71, 2.0, 1.42],
 [1.86, 1.5, 2.4, 1.2, 0.56, 5.0],
 [1.75, 1.25, 2.8, 3.33, 1.2, 3.33],
 [1.75, 1.0, 5.0, 1.33, 0.67, 3.0],
 [1.44, 1.2, 2.2, 1.67, 1.5, 1.5],
 [0.67, 0.33, 0.0, 4.0, 0.62, 1.33],
 [0.5, 1.5, 3.33, 0.75, 0.5, 0.0]]
```

图3-20　数值列表

现在，所有数据都已经准备好了，可以使用 matplotlib 库绘制相应的图表。把属性下的品牌系列作为一组 X 值，且 X 值呈按顺序递增，以使下一个系列与前一个系列间隔一定的距离。根据已有的 6 个属性，将循环执行 6 次。每个列表对应一个品牌，因此标签也是对应该品牌的。参见程序 3-64。

程序 3-64

```
import matplotlib.pyplot as plt
import numpy as np
X = np.arange(6)
for i in range(6):
    plt.bar(X, list_all[i], width = 0.09,label=brand_list[i])
    plt.xticks(X, cols)

    X=X+0.09

plt.ylabel('Ratio of Positive/Negative')
plt.xlabel('Attributes')
plt.legend(bbox_to_anchor=(1.05, 1), loc='upper left', borderaxespad=0.)
plt.show()
```

图 3-21 是用上述方法绘制的条形图。

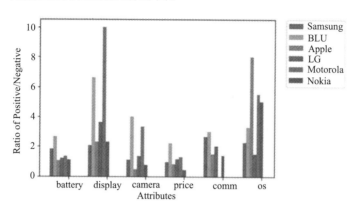

图3-21　用上述方法绘制的条形图

总结一下，到目前为止，已经深入探讨了三种情绪分析方法：基于词典的方法、基于规则的方法和基于机器学习的方法，类似的技术可以应用于情感或主观性/客观性检测。本章还给出了一种用于属性分析的算法。如果已拥有一个语料库，并且该语料库是用带有属性标记的不同的词作为样本经过适当训练得到的，那么就可以使用有监督的学习方式进行属性分析。一旦有了一个已标记了极性、语气和属性的句子，就可以从各个不同的维度切割数据来获得更多有用的信息。

表 3-7 汇总了本章所用到的 Python 库。

表3-7　第3章中使用的Python库

Python库	版本
azure-cognitiveservices-nspkg	3.0.1
azure-cognitiveservices-search-nspkg	3.0.1
azure-cognitiveservices-search-websearch	1.0.0
azure-commonazure-common	1.1.24
azure-nspkg	3.0.2
backcall	3.0.2
backports-abc	0.5
backports.shutil-get-terminal-size	1.0.0
beautifulsoup4	4.8.1

续表

Python库	版本
bs4	0.0.1
certifi	2019.11.28
chardet	3.0.4
chardet	0.4.3
decorator	4.4.1d
Distance	0.1.3
enum34	1.1.6
futures	3.3.0
idna	2.8
ipykernel	4.10.0
ipython	5.8.0
ipython-genutils	0.2.0
isodate	0.6.0
jedi	0.13.3
jupyter-client	5.3.4
jupyter-core	4.6.1
msrest	0.6.10
nltk	3.4.3
numpy	1.16.6
oauthlib	3.1.0
pandas	0.24.2
parso	0.4.0
pathlib2	2.3.5
pickleshare	0.7.5
pip	19.3.1
prompt-toolkit	1.0.15
pybind11	2.4.3
pydot-ng	1.0.1.dev0p

续表

Python库	版本
Pygments	2.4.2
pyparsing	2.4.6
python-dateutil	2.8.1
pywin32	227
pyzmq	18.1.0
requests	2.22.0
requests-oauthlib	1.3.0
scandir	1.10.0
setuptools	44.0.0.post20200106
simplegeneric	0.8.1
singledispatch	3.4.0.3
six	1.13.0
sklearn	0
soupsieve	1.9.5
speechrecognition	3.8.1
tornado	5.1.1
traitlets	4.3.3
urllib3	1.25.7
wcwidth	0.1.8
wheel	0.33.6
win-unicode-console	0.5
wincertstore	0.2

**Practical Natural Language
Processing with Python**
With Case Studies from Industries Using Text Data at Scale

第 4 章

NLP 在银行、金融服务和保险业（BFSI）的应用

4.1 NLP 之于风险控制
4.2 NLP 在银行、金融服务和保险业的其他应用案例

一个多世纪以来，银行和金融业一直致力于数据驱动决策方面的工作。由于一个错误的决策可能会使金融机构付出惨重的代价，它们无疑是大数据的早期使用者之一。银行、金融服务和保险业（Banking, Financial Services, and Insurance，BFSI）的许多机器学习用例一直在使用诸如交易历史或CRM历史之类的结构化数据。然而，在过去的几年里，越来越多的用户倾向于使用文本数据，从而将核保和风险或欺诈检测等业务纳入主流。

4.1 NLP之于风险控制

银行业面临的挑战之一，商业贷款，是要了解掌握组织机构的风险。当实体的交易历史不存在或不充分时，金融机构可以公开地查看诸如新闻或在线博客之类的有效数据和资料，以了解、掌握涉及实体的任何信息。有些公司向贷款机构提供此类数据资料，那么遇到的第一个问题就是要找出新闻语料库中提及的实体，然后了解它们被提及的论调是正面（积极）的还是负面（消极）的。

使用Kaggle（网址见左侧二维码中网址4-1）的数据集来做有关此类问题（即上述提到的"遇到的第一个问题"）的一个练习。该数据集中的新闻文章是从各种报纸上搜集摘取的，这些新闻文章的摘要是从一家移动应用公司InShorts❶中摘取的。目标是识别对公司名称的提及（当然该识别包括公司名称以及如何提及的）以及与这些提及相关的情绪。参见程序4-1和图4-1。请注意，本章中使用的所有软件包都列在表4-6中。

程序4-1 导入样本数据集

```
import pandas as pd
import nltk
t1 = pd.read_csv("news_summary.csv",encoding="latin1")
t1.head()
```

---

❶ InShorts为印度新闻媒体初创公司。——译者注

	author	date	headlines	read_more	text	ctext
0	Chhavi Tyagi	03 Aug 2017,Thursday	Daman & Diu revokes mandatory Rakshabandhan in...	http://www.hindustantimes.com/india-news/raksh...	The Administration of Union Territory Daman an...	The Daman and Diu administration on Wednesday ...
1	Daisy Mowke	03 Aug 2017,Thursday	Malaika slams user who trolled her for 'divorc...	http://www.hindustantimes.com/bollywood/malaik...	Malaika Arora slammed an instagram user who tr...	From her special numbers to TV?appearances, Bo...
2	Arshiya Chopra	03 Aug 2017,Thursday	'Virgin' now corrected to 'Unmarried' in IGIMS	http://www.hindustantimes.com/patna/bihar-igim...	The Indira Gandhi Institute of Medical Science...	The Indira Gandhi Institute of Medical Science...
3	Sumedha Sehra	03 Aug 2017,Thursday	Aaj aapne pakad liya: LeT man Dujana before be...	http://indiatoday.intoday.in/story/abu-dujana-...	Lashkar-e-Taiba's Kashmir commander Abu Dujana...	Lashkar-e-Taiba's Kashmir commander Abu Dujana...
4	Aarushi Maheshwari	03 Aug 2017,Thursday	Hotel staff to get training to spot signs of s...	http://indiatoday.intoday.in/story/sex-traffic...	Hotels in Maharashtra will train their staff t...	Hotels in Mumbai and other Indian cities are t...

图4-1　取自Kaggle的样本数据集

这里重要的栏目是标题、文本（此处为摘要）和全文（ctext）。尝试从这三列（也即栏目）中的任何一列提取组织机构信息，为此，需要将所有的列串联成一个单列。参见程序 4-2。

程序 4-2　连接各列成单列

```
t1["imp_col"] = t1["headlines"] + " " + t1["text"] + " " + t1["ctext"]
```

提取给定文本中的已命名实体。回顾上一章，命名实体是文本语料库中提及的任何人物、地点、组织机构等具体信息。

4.1.1　方法 1：使用现有的库

可以使用现有的库来提取命名实体。程序 4-3 是一个使用 NLTK 库来提取命名实体的例子。

程序 4-3　NLTK 库

```
###Example of NER
sent = "I work at Apple and before I used to work at Walmart"
tkn = nltk.word_tokenize(sent)
ne_tree = nltk.ne_chunk(nltk.pos_tag(tkn))
print(ne_tree)
(S
    I/PRP
    work/VBP
at/IN
(ORGANIZATION Apple/NNP)
and/CC
before/IN
I/PRP
used/VBD
```

```
to/TO
work/VB
at/IN
(ORGANIZATION Walmart/NNP))
```

可以将该库及库函数应用于一个选作样本示例的句子,并验证它是否有效,是否能够捕获所有的名字。返回的命名实体树由函数 get_chunk 进行解析,检索出所有被标记为"组织机构(organization)"的词,见程序 4-4 和程序 4-5。

程序 4-4

```
samp_sents = t1.loc[0:10,"imp_col"]
defget_chunk(ne_tree):
    org_list = []
for chunk in ne_tree:
if hasattr(chunk, 'label'):
        str1 = chunk.label()
if(str1.find("ORG")>=0):
        str2 = ' '.join(c[0] for c in chunk)
        org_list.append(str2)
return org_list
```

程序 4-5

```
org_list_all = []
for i in samp_sents:
    tkn = nltk.word_tokenize(i)
    ne_tree = nltk.ne_chunk(nltk.pos_tag(tkn))
    org_list = get_chunk(ne_tree)
    org_list_all.append(org_list)
org_list_all
```

检查一下 org_list_all,看看这些组织是否被捕获。程序 4-6 中给出了一个样本。

程序 4-6

```
[['Diu',
'Administration of Union',
'Daman',
'Daman',
'UT',
'Diu',
'Gujarat',
```

```
 'BJP',
 'Centre',
 'RSS',
 'RSS'],
['Hindi', 'Munni Badnam'],
['IGIMS',
 'Indira Gandhi Institute',
 'Medical Sciences',
 'IGIMS',
 'Marital',
 'Indira Gandhi Institute',
 'Medical Sciences',
 'IGIMS',
 'All India Institute',
 'Medical Sciences',
 'HT Photo'],
```

如上，NLTK 在从新闻语料库中检索组织机构名称方面做得很出色。

4.1.2 方法 2：提取名词短语

检索组织名称的另一种方法是从语料库中提取名词短语。组织机构或任何其他"命名实体"都是名词或名词短语。将会看到比上一个例子更多的名称，因为不是所有的名词都是组织机构的名称。在练习中使用一个名为 Spacy 的库，其网址见右方二维码中网址 4-2，其是一个开源的自然语言工具箱，可以帮助实现大量的 NLP 功能，包括词性标注和命名实体识别，可运用 Spacy 的词性标注功能进行深入的研究。而词类分析（Parts-of-speech parsing）是一种将一个句子分为其语法成分和基本结构的技术。看一个用 Spacy 提取词性的小例子，首先需要用 pip install 安装 Spacy，参见程序 4-7。

第 4 章
网址合集

程序 4-7　Spacy 的安装

```
!pip install spacy
```

用 Spacy 的模型来执行 NLP 任务，可以使用程序 4-8 中的代码下载 en_core_web_sm 库。有关 Spacy 英语版模型的更多细节可在右方二维码中的网址 4-3 中找到。有关 Spacy 英文版模型可以参见程序 4-9。

程序 4-8 下载一个库

```
!python -m spacy download en_core_web_sm
```

程序 4-9 导入 Spacy

```
import spacy
nlp = spacy.load("en_core_web_sm")
doc = nlp("This is to explain parts of speech in Spacy")
for i in doc:
print (i,i.pos_)
This DET
is VERB
to PART
explain VERB
parts NOUN
of ADP
speech NOUN
in ADP
Spacy PROPN
```

每个词经词性标注后被分配一个词性标签。POS 标签的样本及其各项含义都被列写在左侧二维码中的网址 4-4 中：例如，DET 表示限定词，指的是 a、an 或 the。ADP 表示介词短语，可以指代 to、in、during 等。就现在而言，可能对名词更感兴趣。用 Spacy 从样本句子中提取名词，并与前述的方法 1 中的结果进行比较，参见程序 4-10。

程序 4-10 提取名词

```
np_all = []
for i in samp_sents:
    doc = nlp(i)
    for np in doc.noun_chunks:
        np_all.append(np)
np_all
[Daman,
Diu,
mandatory
Rakshabandhan,
The Administration,
Union Territory Daman,
Diu,
```

```
its order,
it,
women,
rakhis,
their male colleagues,
the occasion,
```

程序 4-10 的输出在本章还只是一个开始，可以发现，相比方法 1，此处可以提取更多的词。现在，检查一下是否存在方法 1 所遗漏的组织机构词。比较方法 1 的 org_list_all 和 np_all 的输出，会发现一些有关方法 1 遗漏了什么类型的词的提示，参见程序 4-11。

程序 4-11

```
np_all_uq = set(np_all)
merged = set(merged)
np_all_uq - merged
{(DGCA,
training,
an alert,
helidecks,
The actor,
The woman,
Lucknow,
Dujana,
about a million small hotels,
most cases,
This extraordinary development,
bachelors,
the bond,
forced labor,
FSSAI,
```

运行遗漏检查程序得到的观察结果是：方法 1 遗漏了 DGCA 和 FSSAI 之类的缩写词。此类首字母缩写词将被识别并附加到第一个输出中。在已知公司清单（即有公司列表）的情况下，可以提取这些公司名称，并通过适当的"模糊"或"文本相似性"操作将其与手头的名单进行对比，来判断组织机构名称识别和提取的准确性。

4.1.3　方法 3：训练自己的模型

方法 1 和方法 2 都是基于预训练模型（pretrained models）库的方法，另一种方法是通过训练自己的模型来检测命名实体。命名实体模型背后的概念是：一个词的实体类型可以根据该词周围的词和该词本身来预测。这里，笔者以"I work at Apple and before I used to work at Walmart.（我在苹果公司工作，之前我在沃尔玛工作。）"这句话为例来加以说明。此时，此例的数据结构基本上可以用如表 4-1 所示的形式来表达出来。

表 4-1 数据结构

Word	prev_word	next_word	pos_tag	prev_pos_tag	next_pos_tag	Org
I	beg	work	PRP	beg	PRP	0
work	I	at	VBP	PRP	VBP	0
at	work	Apple	IN	VBP	IN	0
Apple	at	and	NNP	IN	NNP	1
and	Apple	before	CC	NNP	CC	0
before	and	I	IN	CC	IN	0
I	before	used	PRP	IN	PRP	0
used	I	to	VBD	PRP	VBD	0
to	used	work	TO	VBD	TO	0
work	to	at	VB	TO	VB	0
at	work	Walmart	IN	VB	IN	0
Walmart	at	end	NNP	IN	end	1

最后一列 Org 是人工标注的，并以 0 或 1 的数字表示该词是否是一个组织机构。通过将单词级别的特征和用人工标注的数据作为期望的输出，可以训练一个自定义监督分类器。

在练习中，使用来自 Kaggle 的命名实体识别器数据集，该数据集的细节可以通过访问左侧二维码中网址 4-5 获得。本质上，它是一个由句子构成，但被细分到单词级别的句子列表，并在单词级别上经人工标注了组织、个人、时间、地缘政治等实体。表 4-2 给出了该数据集中的一个样本。

表 4-2 NER 训练数据集

	lemma	next-lemma	next-next-lemma	next-next-pos	next-next-shape	next-next-word	next-pos	next-shape	next-word	word	tag
0	thousand	of	demonstr	NNS	lowercase	demonstrators	IN	lowercase	of	Thousands	O
1	of	demonstr	have	VBP	lowercase	have	NNS	lowercase	demonstrators	of	O
2	demonstr	have	march	VBN	lowercase	marched	VBP	lowercase	have	demonstrators	O
3	have	march	through	IN	lowercase	through	VBN	lowercase	marched	have	O
4	march	through	london	NNP	capitalized	London	IN	lowercase	through	marched	O
5	through	london	to	TO	lowercase	to	NNP	capitalized	London	through	O
6	london	to	protest	VB	lowercase	protest	TO	lowercase	to	London	B-geo
7	to	protest	the	DT	lowercase	the	VB	lowercase	protest	to	O
8	protest	the	war	NN	lowercase	war	DT	lowercase	the	protest	O
9	the	war	in	IN	lowercase	in	NN	lowercase	war	the	O

如表 4-2 所示，该数据集中并未罗列出所有的栏目。对此，需要用监督分类器来处理此处的高维分类特征。可以把所有的单词级别特征（简称词级特征）串联成一列，并用一个以 unigram 为参数的 TF-IDF 矢量器来完成操作。请注意，这些分类特征的顺序不会造成任何影响，所以可以把这些特征集当作一个句子，其中的顺序无关紧要。

在这种建模方法中，命名实体识别器依赖于给定单词的意义，但并不会对单词的上下文进行归纳和推广。例如，在本章前述的句子中，我们可以把"before"替换成"earlier"，但其含义并不会改变。参见图 4-2。

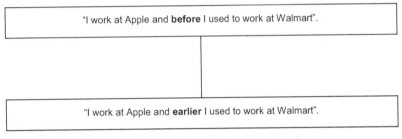

图4-2 将"before"替换成"earlier"

伴随这种方法而来的另一个问题是给定数据集的稀疏性，因为单词的词汇量可能会高达即便不是数百万也有数万的程度。因此，将需要一个密集向量来表示表中的单词特征。单词嵌入可以克服掉这些不利因素。有关单词嵌入的内容将在下一小节中加以阐述。

4.1.3.1 单词嵌入

第 1 章中所讲的词袋法存在着无法学习上下文的缺点。单词嵌入也称词嵌入，是一种助力于学习上下文，并将 NLP 范式从句法转向语义法的技术。可以考虑一下搜索引擎，例如，当用户搜索家畜类动物时，他们期望得到有关猫、狗等的搜索结果。需注意的是，这些词在词法上并不相似，但它们是绝对相关的。单词嵌入技术则可以帮助我们将单词与上下文联系起来。

单词嵌入背后的直观意思是可以通过该词周围的词（即围绕该词并与该词相关联的词汇集）来学习该词的上下文。例如，在图 4-3 中，所有以加粗或黑体字突出显示的词都出现在相似的学习语境（或学习环境）中。一个给定的单词周围的词赋予上下文（即语境）以该单词下的关联含义（即语义）。因此，从一个大的语料库中，通过比较一个给定单词周围的词，可以得出这个词的语义。

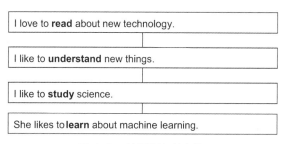

图 4-3　单词嵌入的例句

2013 年前后，神经网络技术被用来学习单词的嵌入。通过使用一种名为 Word2Vec 的技术，可以用 N 个维度来表示一个单词。一旦你得到一个单词的 N 个维度的表示，就可以得到这些维度下的余弦相似度（the cosine similarity），并用它来理解单词之间相似的程度。也有一些预训练库（pretrained libraries）可被用来获得每个单词的维度。来看 Spacy 中的一个例子，参见程序 4-12。

程序 4-12　Spacy

```
nlp = spacy.load("en_core_web_sm")
doc = nlp("This is to explain parts of speech in Spacy")
for i in doc:
print(i.text, i.vector)
This [-2.2498417 -3.3314195 -5.568074 3.67963 -4.612324 -0.48435217
0.27712554 -0.77937424 -0.8964542 -1.0418985 -0.7162781 2.076798
-3.6910486 2.2700787 -3.4369807 -1.8229328 0.1314069 0.22531027
5.15489 -0.49419683 1.0052757 -1.8017105 2.1641645 2.0517178
-2.1288662 3.7649343 -0.66652143 -2.9879086 0.05217028 4.8123035
4.051547 0.98279643 -2.6945567 -3.4998686 -1.7214956 -0.61138093
1.4845726 2.335553 -3.3347645 -0.62267256 -2.6027427 0.5974684
-4.0274143 3.0827138 -2.8701754 -2.8391452 6.236176 2.1810527
3.2634978 -3.845146 -1.7427144 1.1416728 -3.019658 -0.505347
-0.564788 0.8908412 -1.5224171 -0.8401189 -2.4254866 2.3174202
-4.468281 -2.662314 -0.29495603 3.1088934 -0.69663733 -1.3601663
3.0072615 -5.8090506 -1.2156953 -2.2680192 1.2263682 -2.620054
4.355402 1.1643956 1.2154089 1.1792964 -0.9964176 1.4115602
0.2106615 -3.0647554 -5.1766944 2.7233424 -0.36179888 -0.58938277
3.1080005 8.0415535 8.250744 -1.0494225 -2.9932828 2.1838582
3.6895149 1.9469192 -0.7207756 6.1474023 2.4041312 1.5213318 ]
```

程序 4-12 中的输出是 "This" 这个词的一个向量表示。Spacy 训练了一个

Word2Vec 模型，得到了每个词维度长为 300。词与词之间的相似性是指各个词的维度之间的相似性。现在以"学习（learning）""阅读（read）"和"理解（understand）"这三个词为例进一步说明。为了对比它们的相似性，还需要获取"跑步（run）"这个词的上下文向量。将需要用另一个 Spacy 模型即 en_core_web_md 进行实验。首先，下载该模型，然后在程序中加载它，参见程序 4-13 和程序 4-14。

程序 4-13　下载 Spacy

```
!python -m spacy download en_core_web_md
```

程序 4-14　使用 Spacy

```
import spacy
nlp = spacy.load("en_core_web_md")
doc1 = nlp(u'learn')
doc2 = nlp(u'read')
doc3 = nlp(u'understand')
doc4 = nlp(u'run')
for i in [doc1,doc2,doc3,doc4]:
    for j in [doc1,doc2,doc3,doc4]:
        if((i.vector_norm>0) & (j.vector_norm>0)):
            print (i,j,i.has_vector,j.has_vector,i.similarity(j))
learn learn True True 1.0
learn read True True 0.47037032349231994
learn understand True True 0.7617364524642122
learn run True True 0.32249343409210124
read learn True True 0.47037032349231994
read read True True 1.0
read understand True True 0.5366261494062171
read run True True 0.2904269408366301
understand learn True True 0.7617364524642122
understand read True True 0.5366261494062171
understand understand True True 1.0
understand run True True 0.32817161669079264
run learn True True 0.32249343409210124
run read True True 0.2904269408366301
run understand True True 0.32817161669079264
run run True True 1.0
```

如上所示，与"跑步（run）"和"理解（understand）"相比，"学习（learn）"和"理解（understand）"之间的相似性要强得多。

4.1.3.2 Word2Vec（词向量模型）

Word2Vec 是一种创建单词嵌入的技术。这里，你将用一个窗口大小内的词作为"独立（Independent）"变量来预测目标词。表 4-3 给出了"I like to read about technology（我喜欢阅读有关技术方面的知识）"这句话的输入与输出的"数据"。

表 4-3 输入与输出数据

输入	输出
I	Like
Like	I
Like	To
To	Like
To	I
Read	To
Read	About
About	Read
About	technology
technology	About

一个浅层的、单层的 softmax 模型被训练出来，隐含层的权重矩阵为这些单词提供了维度。关于 Word2Vec 是如何训练这一问题的一个非常好的解释可在右侧二维码中网址 4-6 中找到。

第 4 章
网址合集

4.1.3.3 CBOW（连续词袋模型）

使用 CBOW，句子中的每个词都将成为目标词。输入的单词是与用一个窗口大小圈定的隐含层紧邻的单词。下面给出的是窗口大小等于 2 情况下的示例。CBOW 的体系结构如图 4-4 所示。

$w_{(t-1)}$ 和 $w_{(t+1)}$ 都是独热编码向量，每个向量的大小都是词汇表的大小。输出向量也是如此，与词汇表一样长。图 4-4 中方框中的中心层（也即隐藏层）包含权重矩阵。也可以对每个输入向量所对应的权重矩阵进行平均或求和。

构建 Word2Vec 的另一种方法是反转 CBOW 的方法（即完全改变 CBOW

的倒过来思考问题的方法），得到一个"跳词模型"（也称"跳字模型"）。这里，假设一个句子中的单个单词应该是被拾取的"周围"单词，表 4-4 给出了一个窗口大小为 2 时的输入和输出表示的例子。

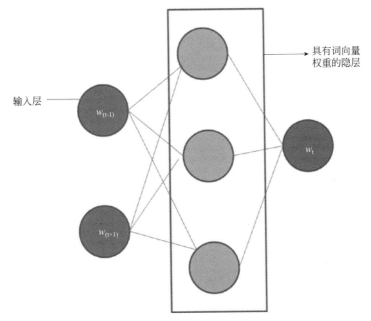

图 4-4　CBOW 的体系结构

表 4-4　输入和输出

Input	Word_output_t-2	Word_output_t-1	Word_output_t+1	Word_output_t+2
I	—	—	like	to
like	—	I	to	read
to	I	like	read	about
read	like	to	about	technology
about	to	read	read	—
technology	read	about	—	—

图 4-5 给出了相应的人工神经网络结构。

在此例中，隐藏层或单词向量数是 3。如此，输入一个句子中的一个单词，并训练模型来预测句子周围的单词。在图 4-5 中，每个节点都是一个独热向量，如果词汇量很大的话，将导致一个很大的预测输出。为了规避这个问题，一种被称作"负采样"的技术在此处得到了应用。与其把该问题看成一个多类分类器，莫如去重新看待该问题，即把输入词和上下文词都作为神经网络的输入，输出则转化为这些词是否可以匹配组合的问题。

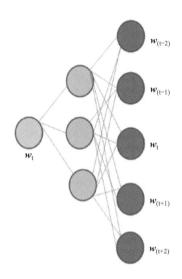

图 4-5　人工神经网络结构

如此考虑，则可将原始问题转换为可解的二进制分类器的问题，连同可能获得的词集一起，不可能的词集也都被从语料库中选出，并将它们标记为负面的（即否定的）词集（共现词则作为正面词，即积极的、肯定的词处理），负面的词集则是由一个单独的概率分布被选择出来的。具体内容可从右侧二维码中网址 4-7 中找到。

使用新闻数据集 t1 的初始语料库，并使用 gensim 库训练一个 Word2Vec 模型。在将 gensim 库用于初始的语料库之前，需要对文档进行预处理。将从语料库中删除停止词，并对单词进行词根处理，词根处理（也即提取词干，等同于去掉词根）是一个将单词恢复其词干带词根形式的过程，如此，相似的单词皆可以被规范化。要使用 pip install 安装 gensim 包，参见程序 4-15 和程序 4-16。

程序 4-15　安装 gensim

```
!pip install gensim.
```

程序 4-16　使用 gensim

```
from gensim.parsing.porter import PorterStemmer
p = PorterStemmer()
p.stem_documents(["He was dining", "We dined yesterday"])
['he wa dine', 'we dine yesterdai']
```

在程序 4-16 中，单词 dining 和 dine 被替换成了同一个单词 dine，这有助于将单词与它们的词根规范化，并可将其统一起来。现在，可以继续往下推进预处理步骤，首先使用 pandas 的字符串替换方法和 stop_words 库来删除停止词，然后对这些单词进行词干处理。在这之前，必须先用 pip install 来安装 stop_words 库，参见程序 4-17 和程序 4-18。

程序 4-17　安装 stop_words

```
!pip install stop_words
```

程序 4-18

```
import stop_words
eng_words = stop_words.get_stop_words('en')
for i in eng_words:
if(len(i)>1):
wrd_repl = r"\b" + i + r"\b"
t1["h1_stop"] = t1["h1_stop"].str.replace(wrd_repl,"")
t1["h2_stop"] = pd.Series(p.stem_documents(t1["h1_stop"]))
```

gensim 库中的 Word2Vec 将提取单词列表中的表列作为输入。可以把标题（或新闻摘要）栏转换成一个列表。最好使用 ctext，因为它涵盖了一个拥有巨大词汇量的语料库，但在例子中，作者使用了标题（或新闻摘要）栏目。参见程序 4-19。

程序 4-19

```
sentences = list(t1["h2_stop"].str.split())
Sentences[0:10]
[['daman',
'&',
'diu',
'revok',
'mandatori',
'rakshabandhan',
'offic', 'order'],
```

```
['malaika', 'slam', 'user', 'troll', "'divorc'", 'rich', "man'"],
["'virgin'", 'now', 'correct', "'unmarried'", "'igims'", 'form'],
['aaj', 'aapn', 'pakad', 'liya:', 'let', 'man', 'dujana', 'kill'],
```

现在来建立 Word2Vec gensim 模型。"size"选项表示单词维度数;"min_count" 是单词在其中出现的最小文档数;"iter"选项是神经网络的 epochs[1] 次数,即"代"数。参见程序 4-20。

程序 4-20

```
model = gensim.models.Word2Vec(iter=10,min_count=10,size=200)
model.build_vocab(sentences)
token_count = sum([len(sentence) for sentence in sentences])
model.train(sentences,total_examples = token_count,epochs = model.iter)
model.wv.vocab
{'offic': <gensim.models.keyedvectors.Vocab at 0xf745320>,
 'order': <gensim.models.keyedvectors.Vocab at 0x1aab8780>,
 'slam': <gensim.models.keyedvectors.Vocab at 0x1aab8e80> ,
 'user': <gensim.models.keyedvectors.Vocab at 0x1aab8a20> ,
 'now': <gensim.models.keyedvectors.Vocab at 0x1aaa80f0> ,
 'form': <gensim.models.keyedvectors.Vocab at 0x1aaa8320> ,
 'let': <gensim.models.keyedvectors.Vocab at 0x1aaa8908>,
 'man': <gensim.models.keyedvectors.Vocab at 0x1325a160>,
 'kill': <gensim.models.keyedvectors.Vocab at 0x15bd87f0>,
 'hotel': <gensim.models.keyedvectors.Vocab at 0x5726198>,
 'staff': <gensim.models.keyedvectors.Vocab at 0x5726f98> ,
 'get': <gensim.models.keyedvectors.Vocab at 0x13275518>,
 'train': <gensim.models.keyedvectors.Vocab at 0x13275240>,
```

程序 4-20 中的每个单词都有一个 200 维向量,并被分配了一个单独的空间来存储该单词的维度。程序 4-20 的输出给出了词汇表的一个样本,可以快速检查该模型是否对语义相似性做了一些调整处理。gensim 库中有一个名为 most_similar 的功能函数,用它可以打印出与给定单词最接近的单词,基本上,可将目标词的 200 维向量与语料库中的所有其他词进行比较,最相似的词可被依次打印出来。参见程序 4-21。

---

[1] epochs 可定义为一个人工神经网络经历一次从样本输入到输出的完整训练过程,也就是所有训练样本的"一次"正向传递和"一次"反向传递的过程为一个 epochs,可译为一代。——译者注

程序 4-21

```
model.most_similar('polic')
[('kill', 0.9998772144317627),
 ('cop', 0.9998742341995239),
 ('airport', 0.9998739957809448),
 ('arrest', 0.9998728036880493),
 ('new', 0.9998713731765747),
 ('cr', 0.9998686909675598),
 ('indian', 0.9998684525489807),
 ('govt', 0.9998669624328613),
 ('dai', 0.9998668432235718),
 ('us', 0.9998658895492554)]
```

对于词干"polic",可以找到"cop""arrest"和"kill"在语义上都是相关的,通过使用完整的文本可以使相似性更好。用程序 4-22 中的代码可以检索该词的单词嵌入词。

程序 4-22

```
model["polic"]
array([ 0.04353377, -0.15353541, 0.01236599, 0.17542918, -0.02843889,
        0.0871359 , -0.1178024 , -0.00746543, -0.03241869, 0.0475546 ,
        0.04885347, -0.05488129, -0.08609696, 0.15661193, 0.1471964 ,
        0.002795, 0.06438455, -0.12603344, 0.00585101, 0.10587147,
        0.03390319, 0.35148793, -0.06524974, 0.07119066, 0.17404315,
        0.02006942, -0.1783511 , 0.02980262, 0.26949257, -0.07674567,
```

程序 4-22 是"police"这个词的 200 维向量的一个样本。

4.1.3.4　其他 Word2Vec 库

Word2Vec 的另一个广为所用的库是由 Facebook 发布的 fasttext,它与其他库的主要区别在于它是将输入向量看作是单词的一组 ngrams(简言之,单词被分解成的一组多个字片集),例如,单词"transform"被分解成"tra""ran""ans"三个"字片",这有助于 Word2Vec 模型为大多数单词提供向量表示,因为它们将被分解成 ngrams,其权重也将被重新组合以便得到最终的输出。此处将提供一个例子来帮助理解。

使用预处理的列 h1_stop t1 数据集示例,对其替换所有数字,并从该列中删除所有长度为 3 的单词。参见程序 4-23。

程序 4-23

```
t1["h1_stop"] = t1["h1_stop"].str.replace('[0-9]+','numbrepl')
t1["h1_stop"] = t1["h1_stop"].str.replace('[^a-z\s]+','')
list2=[]
for i in t1["h1_stop"]:
    list1 = i.split()
    str1 = ""
for j in list1:
if(len(j)>=3):
        str1 = str1 + " " + j
    list2.append(str1)
t1["h1_proc"] = list2
```

已使用过 word_punctuation_tokenizer（即单词标点符号标注）函数对单词进行标记，现在从 h1_proc 列中提取单词标注。与 NLTK 的 tokenize 函数相比，不同的是：该标点符号标注函数是将标点符号作为独立的标记来处理。参见程序 4-24～程序 4-26。

程序 4-24

```
word_punctuation_tokenizer = nltk.WordPunctTokenizer()
word_tokenized_corpus = [word_punctuation_tokenizer.tokenize(sent)
for sent in t1["h1_proc"]]
```

程序 4-25

```
from gensim.models.fasttext import FastText as FT_gen
model_ft = FT_gen(word_tokenized_corpus,size=100,
            window=5,
            min_count=10,
            
            sg=1,
            iter=100
            )
```

程序 4-26

```
print(model_ft.wv['police'])
[-0.29888302 -0.57665455 0.08610394 -0.3632993 -0.11655446 0.77178127
 0.00754398 0.326833 0.6293257 -0.6018732 0.18104246 0.14998026
-0.25582018 -0.10343572 0.26390004 -0.40456587 -0.13059254 0.7299065
 0.56476426 -0.34973195 0.2719949 -0.23201875 -0.5852624 -0.233576
```

```
 0.79868716  0.13634606  0.34833038  0.09759299  0.03199455  0.31180373
-0.27072772 -0.18527883 -0.58960485  0.01390363  0.50662494  0.65151244
-0.47332478  0.03739219  0.4098077   0.41875887 -0.4502848   0.41489652
 0.13763584  0.6388822  -0.7644631   0.02981189  0.7131902   0.13380833
-0.3466939   0.5062037   0.01952425 -0.14834954 -0.29615352  0.11298565
 0.01239631  0.22170404  0.87028074  0.30836678  0.171935    0.06707167
 0.6141744   0.7583458   0.8327537  -0.9569695  -0.5542731  -1.0179517
-0.5757873  -0.2523322  -0.64286023  0.5246012  -0.00269936 -0.11349581
-0.34673667  0.13290115  0.3713985  -0.10439423 -0.2525865   0.1401525
-0.39776105  0.43563667  0.50854915 -0.32810602  0.5654142  -0.60424364
 0.14617543 -0.03651292  0.01708415 -0.16520758 -0.89801085 -0.7447387
-0.47594827  0.2536381  -0.5689429  -0.46556026  0.2765042  -0.35487294
 0.37178138 -0.12994497  0.17699395  0.79665047]
```

参数 window size 表示要训练的单词窗口; dimensions 是维度中的单词总数; minimum count 是分析时应考虑的单词所属文档的最小文档数。现在，尝试获取一个不在初始词汇表中的单词的维度。例如，考查一下"administration"这个词。参见程序 4-27。

程序 4-27

```
print ('administration'in model_ft.wv.vocab) model_ft["administration"]
False
array([-0.45738608,  0.01635892,  0.4138502 , -0.39381024, -0.03351381,
        0.5652306 ,  0.15023482, -0.06436284, -0.30598623,  0.22672811,
       -0.0371761 ,  0.55359524, -0.30920455, -0.09809569,  0.3087636 ,
        0.14136946, -1.0166188 , -0.18632148,  0.54922   , -0.13646998,
       -0.26896936, -0.45346558, -0.01610097, -0.03324416, -0.5120829 ,
        0.29224998,  0.14098023, -0.29888844, -0.03517408, -0.44184253,
        0.00370641,  0.51012856, -0.6507577 , -0.5389353 ,  0.49002212,
        0.37082076, -0.45470816,  0.0273569 ,  0.15264036,  0.16321276,
       -0.15225472,  0.5453094 , -0.31627965, -0.37927952, -0.13029763,
        0.23256542,  0.6777767 , -0.09562921, -0.27754757,  0.45492762,
        0.21526024,  0.6568411 , -0.14619622,  0.9491824 ,  0.5132987 ,
        0.5608091 ,  0.3351915 , -0.19633797,  0.17734666, -1.2677175 ,
        0.70604306, -0.120744  ,  0.19599114, -0.06684009, -0.09474371,
       -0.06331848, -0.5224171 , -0.17912938, -0.9254168 , -0.44491112,
       -0.20046434,  0.39295596, -0.14251098,  0.01547457, -0.0033557 ,
```

如程序 4-27 所示，"administration"不在最初的词汇表中，但能够得到"administration"的向量，因为 fasttext 可以在内部组合该单词的三元文法模型。

4.1.3.5 单词嵌入在有监督学习中的技术应用

现在回到 4.1.3 节，开始为 NER 构建自定义分类器的地方。需要一个密集的向量空间来表示表中的词，以便输入到算法中。在有监督的方法中，有两种方式可以使用单词嵌入。

（1）方法 3- 方式 1

可以在监督模型中对由 gensim 生成的每个单词使用单词嵌入，即单词嵌入方式 1。为了在模型中使用这个 200 维的向量，可以把它作为 200 个列来使用，或者对该向量采取求和或求平均的办法；另一种方法是将单词的 TF-IDF 向量值与该向量值的和或平均值相乘。

（2）方法 3- 方式 2

因为是为了将给定单词分类为组织机构或不是组织机构之类的有监督学习问题而生成单词嵌入模型，所以可以结合人工神经网络技术更好地发挥单词嵌入功能作用。可以直接训练一个神经网络，并将单词嵌入作为训练过程的一部分，来使模型学习单词嵌入的有效经验。具体地，可以利用 Keras 将单词嵌入作为监督模型的一个层来学习单词嵌入，这种方式即为单词嵌入方式 2。Keras 是 Python 中的一个开源的神经网络库（右侧二维码中网址 4-8）。图 4-6 和图 4-7 分别具体说明了监督模型中两种嵌入方式的用法。

第 4 章 网址合集

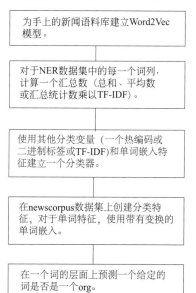

图4-6 单词嵌入方式1

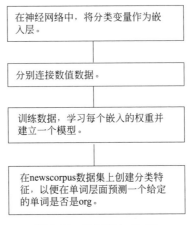

图4-7 单词嵌入方式2

如图 4-7 所示的单词嵌入方式 2 的使用方法,为了训练 NER 的分类器,需要查看一个有词级标签的数据集。同样,使用表 4-1 中的 Kaggle 数据集。一旦训练好模型,就可以将模型应用到新闻语料库数据集上。

Keras 的"嵌入层"学习嵌入向量是一个自我训练的过程,与 Word2Vec 方法不同,这里没有窗口大小的概念。而是首先需要标记分类特征,确定每个分类变量的嵌入大小,并将其扁平化,然后连接到密集层。该网络的结构如图 4-8 所示。

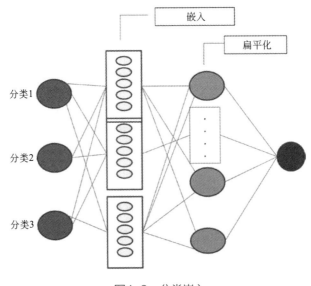

图4-8 分类嵌入

该网络输入层的输入变量是分类变量的集合（即一组分类变量），它有一个嵌入层，该层将分类值嵌入到 N 个维度中，然后经扁平化后连接到密集层；接下来是分类器，该分类器可视为一个经典的二进制交叉熵模型。现在可以开始通过程序实现上述过程和功能。参见程序 4-28 和程序 4-29。

程序 4-28
```
import pandas as pd
from nltk.stem import WordNetLemmatizer
import numpy as np
import nltk
```

程序 4-29
```
t1 = pd.read_csv("ner.csv",encoding='latin1', error_bad_lines=False)
df_orig = pd.read_csv("ner_dataset.csv",encoding='latin1')
```

继续对 df_orig 数据集进行处理（前面提到的方法 3，网址见右侧二维码中网址 4-9）。在表 4-1 中看到的 t1 数据集已经拥有了预先计算过的词性标签特征，但并不知道用来得到词性标签的方法是何种词性标注方法。因此，重建所有的特征，以便将同样的方法用于新闻语料库数据集。df_orig 数据集内含有词级标签和句尾标记。如程序 4-30 和图 4-9 所示，可以看到 df_orig 数据集的一个样本示例。

程序 4-30
```
df_orig.head(30)
```

	Sentence #	Word	POS	Tag
0	Sentence: 1	Thousands	NNS	O
1	NaN	of	IN	O
2	NaN	demonstrators	NNS	O
3	NaN	have	VBP	O
4	NaN	marched	VBN	O
5	NaN	through	IN	O
6	NaN	London	NNP	B-geo
7	NaN	to	TO	O

图 4-9　df_orig 数据集样本

图 4-9 中，Sentence # 是句子标记，Tag 是人工标签。暂且不予理会 POS 标签，重建句子并使用 NLTK 库来识别 POS 标签，这样做的原因是使训练数据和推断数据之间的方法标准化。一旦得到了这个句子并识别了 POS 标签，就可以生成"prev（上一个）"和"next（下一个）"特征。参见程序 4-31。

程序 4-31

```
##cleaning the columns names and filling missing values
df_orig.columns = ["sentence_id","word","pos","tag"]
df_orig["sentence_id"] = df_orig["sentence_id"].fillna('none')
df_orig["tag"] = df_orig["tag"].fillna('none')
```

程序 4-32 和图 4-10 分别给出了标签程序及随附的一览表。

程序 4-32

```
df_orig["tag"].value_counts()
```

```
O         887908
B-geo      37644
B-tim      20333
B-org      20143
I-per      17251
B-per      16990
I-org      16784
B-gpe      15870
I-geo       7414
I-tim       6528
B-art        402
B-eve        308
I-art        297
I-eve        253
B-nat        201
I-gpe        198
I-nat         51
Name: tag, dtype: int64
```

图 4-10 标签一览表

图 4-10 中，B 和 I 代表开始或中间。程序 4-33 重构了 df_orig 中的句子，并得到了词级特征的 POS 标签。

程序 4-33

```
lemmatizer = WordNetLemmatizer()

list_sent = []
word_list = []
tag_list = []
for ind,row in df_orig[0:100000].iterrows():
    sid = row["sentence_id"]
    word = row["word"]
    tag = row["tag"]
if((sid!="none") or (ind==0)):
    if(len(word_list)>0):
        list_sent.append(word_list)
        pos_tags_list = nltk.pos_tag(word_list)
        df = pd.DataFrame(pos_tags_list)
        df["id"] = sid_perm
try:
        df["tag"] = tag_list
except:
print (tag_list,word_list,len(tag_list),len(word_list))
if(sid_perm=="Sentence: 1"):
        df_all_pos = df
else:
        df_all_pos = pd.concat([df_all_pos,df],axis=0)
    word_list = []
    tag_list = []
    word_list.append(word)
    tag_list.append(tag)
else:
    word_list.append(word)
    #word_list = word_list + word + " "
        tag_list.append(tag)
    if(sid!="none"):
        sid_perm = sid
df_all_pos.columns = ["word","pos_tag","sid","tag"]
```

df_all 是包含单词和 POS 标签的数据帧。一旦完成这一步，就可以得到该词的词法（词元）、词形、长度等，这些都不依赖于句子，而只取决于单词本身。

还需识别数字或特殊字符的词。可以将这些词标记为一个单独的单词类型，然后再替换掉特殊字符进一步处理。参见程序 4-34 和程序 4-35。

程序 4-34

```
df_all_pos["word1"] = df_all_pos["word"]
df_all_pos["word1"] = df_all_pos.word1.str.replace('[^a-z\s]+','')
df_all_pos["word_type"] = "normal"
df_all_pos.loc[df_all_pos.word.str.contains('[0-9]+'),"word_type"] = "number"
df_all_pos.loc[df_all_pos.word.str.contains('[^a-zA-Z\s]+'),"word_type"] = "special_chars"
df_all_pos.loc[(df_all_pos.word_type!="normal") & (df_all_pos.word1.str.len()==0),"word_type"] = "only_special"
deflemma_func(x):
return lemmatizer.lemmatize(x)
```

程序 4-35

```
df_all_pos["shape"] = "mixed"
df_all_pos.loc[(df_all_pos.word.str.islower()==True),"shape"]="lower"
df_all_pos.loc[(df_all_pos.word.str.islower()==False),"shape"]="upper"
df_all_pos["lemma"] = df_all_pos["word"].apply(lemma_func)
df_all_pos["length"] = df_all_pos["word"].str.len()
```

程序 4-36 中的代码可用来得到单词在句子中的相对位置和句子长度。

程序 4-36

```
df_all_pos["ind_num"] = df_all_pos.index
df_all_pos["sent_len"]=df_all_pos.groupby(["sid"])["ind_num"].transform(max)
df_all_pos1 = df_all_pos[df_all_pos.sent_len>0]
df_all_pos1["rel_position"] = df_all_pos1["ind_num"] /df_all_pos1["sent_len"]*100
df_all_pos1["rel_position"] = df_all_pos1["rel_position"].astype('int')
```

一旦得到了这些变量所在的位置，就可以使用 pandas 的移位功能来获得诸如上一个词、下一个词、上一个词的 POS 标签、下一个标签的 POS 标签等特征。对于每个特征，可以调用 get_prev_next 来产生移位。参见程序 4-37 和程序 4-38。

程序 4-37

```
defget_prev_next(df_all_pos,col_imp):
    prev_col = "prev_" + col_imp
    next_col = col_imp + "_next"
    prev_col1 = "prev_prev_" + col_imp
```

```
        next_col1 = col_imp + "_next_next"
        df_all_pos[prev_col] = df_all_pos[col_imp].shift(1)
        df_all_pos.loc[df_all_pos.index==0,prev_col] = "start"
        df_all_pos[next_col] = df_all_pos[col_imp].shift(-1)
        df_all_pos.loc[df_all_pos.index==df_all_pos.sent_len,next_col] = "end"
        df_all_pos[prev_col1] = df_all_pos[col_imp].shift(2)
        df_all_pos.loc[df_all_pos.index<=1,next_col1] = "end"
    return df_all_pos
```

程序 4-38

```
df_all_pos1 = get_prev_next(df_all_pos1,"word")
df_all_pos1 = get_prev_next(df_all_pos1,"lemma")
df_all_pos1 = get_prev_next(df_all_pos1,"shape")
df_all_pos1 = get_prev_next(df_all_pos1,"pos_tag")
```

这里，感兴趣的是意思为组织机构（organization）之类的单词。因此，可以将所有除组织机构以外的标签重命名为 no_org。由于数据集中组织机构类单词的数量非常有限（不到 3%），则可对非组织机构类单词进行抽样，并保留组织机构类的词。参见程序 4-39 和程序 4-40。

程序 4-39

```
t2 = df_all_pos1[df_all_pos1.tag.isna()==False]
t2["tag1"] = "no_org"
t2.loc[t2.tag.str.contains('org',case=False),"tag1"]="org"
```

程序 4-40

```
t2_neg = t2.loc[t2.tag1!="org",:]
t2_neg1 = t2_neg.sample(frac=0.1)
t2_pos = t2.loc[t2.tag1=="org",:]
t3 = pd.concat([t2_neg1,t2_pos],axis=0)
t3 = t3.reset_index()
len(t2_neg),len(t2_neg1),len(t2_pos),len(t3)
(96652, 9665, 3346, 13011)
```

程序 4-41 将数据分割成训练集和测试集。

程序 4-41

```
tgt = t3["tag1"]
```

```
from sklearn.model_selection import StratifiedShuffleSplit
sss = StratifiedShuffleSplit(test_size=0.2,random_state=42,n_splits=1)
for train_index, test_index in sss.split(t3, tgt):
    x_train, x_test = t3[t3.index.isin(train_index)], t3[t3.index.isin(test_index)]
    y_train, y_test = t3.loc[t3.index.isin(train_index),"tag1"], t3.loc[t3.index.isin(test_index),"tag1"]
```

还需把字符串和数字列分隔开来。分类列将得到一个嵌入层，数字列将被添加到嵌入输出的扁平化层中。修改图 4-11 中的总体结构，以便使其也有数字层。

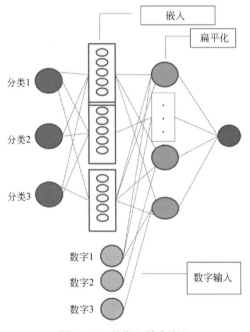

图 4-11　分类和数字嵌入

可将数字层连接到系统结构中的扁平化层，为此，需要使数字列呈分开状态（即将数字列分开），并将它们组合成一个矩阵。参见程序 4-42。

程序 4-42

```
num_cols = ['length','sent_len', 'rel_position']
str_cols = ['word', 'pos_tag', 'shape', 'lemma', 'word_type', 'prev_word', 'word_next',
'prev_prev_word', 'word_next_next', 'prev_lemma', 'lemma_next', 'prev_
```

```
  prev_lemma',
'lemma_next_next', 'prev_shape', 'shape_next', 'prev_prev_shape', 'shape_
  next_next',
'prev_pos_tag', 'pos_tag_next', 'prev_prev_pos_tag',
'pos_tag_next_next','prev_word_type', 'word_type_next', 'prev_prev_word_
  type',
'word_type_next_next']
x_train_num = x_train[num_cols]
x_test_num = x_test[num_cols]
```

现在将准备训练和测试数据集,以适应神经网络系统结构顶端对数据和数据结构的需求。为此,应遵循如下步骤。

① 标记化和标签编码。嵌入层的输入是经标签编码的分类变量(text_to_sequences)。一经编码,它们则还需要被以所需的长度填充。由于每一列只有一个标记(tokens),所以将 max_len 保持为 1。所用的标记化方法是用训练数据集获得单词到相应索引的映射的,然后将被标记过的对象应用于测试数据集,测试集中的任何未知文本都将被忽略。

② 所有分类输入列的串联。一个循环(loop)过程中,将编码后的列连接成一个单个序列和一个单个测试矩阵。

在开始编写代码之前,先快速了解一下如何安装 Keras 和 TensorFlow。请安装 Keras 2.2.4 版本,Keras 自动使用 TensorFlow 作为其后端。参见程序 4-43~程序 4-45。

程序 4-43

```
!pip install tensorflow !pip install keras
```

程序 4-44

```
from keras.preprocessing.text import Tokenizer
from keras.preprocessing.sequence import pad_sequences
tokenizer = Tokenizer()

defconv_str_cols(col_tr,col_te):
#print(col_tr)
    tokenizer = Tokenizer()
    tokenizer.fit_on_texts(col_tr)
    col_tr1 = tokenizer.texts_to_sequences(col_tr)
```

```
        col_te1 = tokenizer.texts_to_sequences(col_te)
        col_tr2 = pad_sequences(col_tr1, maxlen=1, dtype='int32',
padding='pre')
        col_te2 = pad_sequences(col_te1, maxlen=1, dtype='int32',
padding='pre')
return col_tr2,col_te2
```

程序 4-45
```
for num,i in enumerate(str_cols):
    var1,var2 = conv_str_cols(x_train[i],x_test[i])
if(num==0):
    var_all_train = var1
    var_all_test = var2
else:
    var_all_train = np.concatenate([var_all_train,var1],axis=1)
    var_all_test = np.concatenate([var_all_test,var2],axis=1)
var_all_train.shape, var_all_test.shape
((10408, 20), (2603, 20))
```

如程序 4-45 中所示，训练数据集和测试数据集各有 20 列，并对应于字符串列。

③ 分类变量的嵌入。对于每个分类变量，需要根据 fast.ai 建议的逻辑来进行嵌入计算。具体请见左侧二维码中网址 4-10 中的文章。使用 Keras 的函数式 API 来连接不同的层会更容易。

第 4 章
网址合集

```
embedding_size = min(np.ceil((no_of_unique_cat)/2), 50 )
```

程序 4-46 的具体执行过程如下：

a. 为每个分类变量创建其嵌入，并将其扁平化处理；

b. 将所有独立的输入加到一个列表中（即形成输入列表）；

c. 将已扁平化的输出追加到另一个被称作密集列表对象的列表中（即形成输出列表）；

d. 创建独立的即各自隔开的数字输入，并将其附加到密集列表对象中；

e. 将数字输入赋给 num_inp1，并将其连接到密集列表对象中；

f. 将所有的嵌入和数字输入连接到一个层；

g. df_list 是所有分类和数字训练输入的列表；

h. df_list_test 是所有分类和数字测试输入的列表。

程序 4-46

```python
import keras
from keras.models import Sequential
from keras.layers import Dense,Flatten,Concatenate
from keras.layers.merge import concatenate
from keras.layers import Input, Dense, Dropout, Flatten
from keras.models import Model
from keras.utils import to_categorical
from keras.optimizers import Adam,SGD
from keras.layers import Embedding
from keras.layers import Reshape
from keras.layers import add
embed_size=0
models = []
inputs = []
outputs = []
dense = []
df_list = []
df_list_test=[]
for num,categoical_var in enumerate(range(var_all_train.shape[1]) ):
    model = Sequential()
    no_of_unique_cat =np.max(var_all_train[:,num]) + 1
    embedding_size = min(np.ceil((no_of_unique_cat)/2), 50 )
    embedding_size = int(embedding_size)
    embed_size = embed_size + embedding_size
    vocab = no_of_unique_cat+1
    A1 = Input(shape=(1,))
    A2 = Embedding(vocab,embedding_size,input_length = 1)(A1)
    A3 = Flatten()(A2)
    dense.append(A3)
    inputs.append(A1)
    df_list.append(var_all_train[:,num])
    df_list_test.append(var_all_test[:,num])
num_shape = x_train_num.shape[1]
embed_size = embed_size + num_shape
num_inp = Input(shape=(num_shape,))
num_inp1 = Dense(num_shape,activation = 'relu')(num_inp) dense.append(num_inp1)
inputs.append(num_inp)
st_size = int(embed_size/2)
df_list.append(x_train_num)
df_list_test.append(x_test_num)
```

```
merge_one = concatenate(dense)
```

层 merge_one 将被连接到其他的密集层。现在，应该将其下面的层每层的节点数减少两个，并相应地得到一个层参数的列表。layers_list 包含了 merge_one 之后的神经网络结构部分，函数 get_nn_mod 根据 layer_list 列出了从 merge_one 开始神经网络结构的其余部分。从程序 4-46 中初始化 st_size1 开始，是以最终串联层的大小除以 2 作为参数的初始化。Model 是一个以初始输入（the initial inputs）和最终输出（the final outputs）为形参（即参变量）的函数。现在该 Model 对象已完备，可以对其进行编译，参见程序 4-47 和程序 4-48。

程序 4-47

```
####flat layers list
layers_list = []
st_size1 = st_size
while (st_size1>10):
    st_size1 = int(st_size1/2)
    layers_list.append(st_size1)
Layers_list
[148, 74, 37, 18, 9]
```

程序 4-48

```
defget_nn_mod(list_layers,input1,dp,inputs):
    layers = []
for num,i in enumerate(list_layers):
        print(num,i)
if(num==0):
            input_orig = input1
else:
            input1 = Dense(i, activation='relu')(input1)
            input1 = Dropout(dp)(input1)
    input_last = Dense(2, activation='softmax')(input1)
    model = Model(inputs=inputs, outputs=input_last)
    opt = SGD(lr=0.01, clipnorm=1.)
# Compile model
    model.compile(optimizer=opt, loss='categorical_crossentropy',
            metrics=['accuracy'])
    return model
```

现在可以建立模型并检查其概括能力和准确度。参见程序 4-49。

程序 4-49

```
final_model = get_nn_mod(layers_list,merge_one,0.6,inputs)
0   148
1    74
2    37
3    18
4     9
```

用程序 4-50 和程序 4-51 中的代码将因变量转换为分类变量。参见图 4-12。

程序 4-50

```
from keras.utils import to_categorical
from sklearn.preprocessing import LabelEncoder
le = LabelEncoder()
y_train1 = le.fit_transform(y_train)
y_test1 = le.fit_transform(y_test)
y_train2 = to_categorical(y_train1)
y_test2 = to_categorical(y_test1)
```

程序 4-51

```
pd.Series(y_train1).value_counts()
0    7731
1    2677
dtype: int64
final_model.fit(df_list,y_train2, batch_size=10, epochs=30, verbose=2)
pred1=final_model.predict(df_list_test)
pred = pred1.argmax(axis=-1)
from sklearn.metrics import accuracy_score
from sklearn.metrics import f1_score
ac1 = accuracy_score(y_test1, pred)
print (ac1, f1_score(y_test1, pred, average='macro'))
0.9193238570879754 0.896944708384236
from sklearn.metrics import confusion_matrix
cmat = pd.DataFrame(confusion_matrix(y_test1, pred, labels=[0,1], sample_weight=None))
cmat.columns = rows_name
cmat["act"] = rows_name
cmat
```

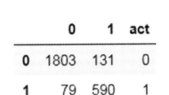

图 4-12 周变量转换为分类变量

4.1.4 模型应用

经过前述的探讨和练习，已拥有了一个可以正常使用且准确性好的模型。现在可以将该模型应用于 NER 新闻数据集（程序 4-1 中提到的数据）。参见程序 4-52。

程序 4-52
```
import pandas as pd
import nltk
from nltk.stem import WordNetLemmatizer
pd.options.display.max_colwidth = 1000
```

第 1 步：在读取初始的 NER 数据集之后，应将句子拆分成单词和相应的 POS 标签，就像之前在训练集处理中所做的那样。参见程序 4-53。

程序 4-53
```
lemmatizer = WordNetLemmatizer()
for num,i in enumerate(t2.loc[:,"imp_col"]):
    for num1,j in enumerate(nltk.sent_tokenize(i)):
        pos_tags_list = nltk.pos_tag(nltk.word_tokenize(j))
        df = pd.DataFrame(pos_tags_list)
        df.columns = ["word","pos_tag"]
        df["sid"] = num1
        df["sid1"] = num
if(num==0):
        df_all = df
else:
        df_all = pd.concat([df_all,df],axis=0)
df_all_pos = df_all
```

第 2 步：创建单词的类型变量、单词的词元和相对长度变量。参见程序 4-54 和程序 4-55。

程序 4-54

```
df_all_pos["word1"] = df_all_pos["word"]
df_all_pos["word1"] = df_all_pos.word1.str.replace('[^a-z\s]+','')
df_all_pos["word_type"] = "normal"
df_all_pos.loc[df_all_pos.word.str.contains('[0-9]+'),"word_type"] = "number"
df_all_pos.loc[df_all_pos.word.str.contains('[^a-zA-Z\s]+'),"word_type"] = "special_chars"
df_all_pos.loc[(df_all_pos.word_type!="normal") & (df_all_pos.word1.str.len()==0),"word_type"] = "only_special"
```

程序 4-55

```
df_all_pos["shape"] = "mixed"
df_all_pos.loc[((df_all_pos.word.str.islower()==True) & (df_all_pos.word_type=="normal")),"shape"]="lower"
df_all_pos.loc[((df_all_pos.word.str.islower()==False) & (df_all_pos.word_type=="normal")),"shape"]="upper"
deflemma_func(x):
return lemmatizer.lemmatize(x)
df_all_pos["lemma"] = df_all_pos["word"].apply(lemma_func)
df_all_pos["length"] = df_all_pos["word"].str.len()
df_all_pos["ind_num"] = df_all_pos.index
df_all_pos["sent_len"]=df_all_pos.groupby(["sid","sid1"])["ind_num"].transform(max)
df_all_pos1 = df_all_pos[df_all_pos.sent_len>0]
df_all_pos1["rel_position"] = df_all_pos1["ind_num"] /df_all_pos1["sent_len"]*100
df_all_pos1["rel_position"] = df_all_pos1["rel_position"].astype('int')
```

第 3 步：获取诸如上一个（previous）、下一个（next）等位置变量。参见程序 4-56 和程序 4-57。

程序 4-56

```
def get_prev_next(df_all_pos,col_imp):
    prev_col = "prev_" + col_imp
    next_col = col_imp + "_next"
    prev_col1 = "prev_prev_" + col_imp
    next_col1 = col_imp + "_next_next"
    df_all_pos[prev_col] = df_all_pos[col_imp].shift(1)
    df_all_pos.loc[df_all_pos.index==0,prev_col] = "start"
    df_all_pos[next_col] = df_all_pos[col_imp].shift(-1)
    df_all_pos.loc[df_all_pos.index==df_all_pos.sent_len,next_col] = "end"
```

```
        df_all_pos[prev_col1] = df_all_pos[col_imp].shift(2)
        df_all_pos.loc[df_all_pos.index<2,prev_col1] = "start"
        df_all_pos[next_col1] = df_all_pos[col_imp].shift(-2)
         df_all_pos.loc[(df_all_pos.sent_len-df_all_pos.index)<=1,next_col1] =
"end"
return df_all_pos
```

程序 4-57

```
df_all_pos1 = get_prev_next(df_all_pos1,"word")
df_all_pos1 = get_prev_next(df_all_pos1,"lemma")
df_all_pos1 = get_prev_next(df_all_pos1,"shape")
df_all_pos1 = get_prev_next(df_all_pos1,"pos_tag")
df_all_pos1 = get_prev_next(df_all_pos1,"word_type")
```

第 4 步：对字符串和数字列进行分类。参见程序 4-58。

程序 4-58

```
num_cols = ['length','sent_len', 'rel_position']
str_cols = ['word', 'pos_tag', 'shape', 'lemma', 'word_type', 'prev_word',
'word_next', 'prev_prev_word', 'word_next_next', 'prev_lemma', 'lemma_
next', 'prev_prev_lemma', 'lemma_next_next', 'prev_shape', 'shape_next',
'prev_prev_shape', 'shape_next_next', 'prev_pos_tag', 'pos_tag_next',
'prev_prev_pos_tag', 'pos_tag_next_next', 'prev_word_type', 'word_type_
next', 'prev_prev_word_type', 'word_type_next_next']
x_test_num = df_all_pos1[num_cols]
x_test = df_all_pos1
```

第 5 步：加载模型文件和标记化文件，适当地修改 x_test 数据集，并将其作为模型的输入，运行该模型。参见程序 4-59。

程序 4-59

```
import pickle
defpick_in(obj_name):
    fl_out1 = fl_out + "/" + obj_name
    pickle_in = open(fl_out1,"rb")
    mod1= pickle.load(pickle_in)
return mod1
fl_out = "model_punc"
```

```
pikl_list = ["tkn_list"]
for i in pikl_list:
    globals()[i] = pick_in(i)
from keras.models import load_model
final_model = load_model('model_punc/model_ner.h5')
```

现在将字符串数据集转换为用于嵌入层的且经标注的输入。接下来，将最终的字符串数组（也即字符串阵列）与所有的数字数据串联成一个数据集。参见程序 4-60 和程序 4-61。

程序 4-60

```
from keras.preprocessing.text import Tokenizer
from keras.preprocessing.sequence import pad_sequences
defconv_str_cols(col_te,num):
    col_te1 = tkn_list[num].texts_to_sequences(col_te)
    col_te2 = pad_sequences(col_te1, maxlen=1, dtype='int32', padding='pre')
return col_te2
import numpy as np
for num,i in enumerate(str_cols):
    var1 = conv_str_cols(x_test[i],num)
if(num==0):
    var_all_test = var1
else:
    var_all_test = np.concatenate([var_all_test,var1],axis=1)
```

程序 4-61

```
df_list_test=[]
for num,categoical_var in enumerate(range(var_all_test.shape[1]) ):
df_list_test.append(var_all_test[:,num])
df_list_test.append(x_test_num)
```

第 6 步：应用该模型，并从新闻语料库中识别想要预测的组织机构（名称）。参见程序 4-62 和图 4-13。

程序 4-62

```
pred1=final_model.predict(df_list_test)
pred = pred1.argmax(axis=-1)
pd.Series(pred).value_counts()
```

```
0      1941596
1       135599
dtype: int64
```

图4-13　预测为组织机构和组织机构实体的单词分布

由于是在一个有"偏见"的组织机构数据集上训练了模型，所以，作为程序和方法的有效性验证的实践练习，将期望在数据集中存在一些误报现象。现在，收集已识别的组织机构方面的单词，并拟用一个可能存在些许非组织机构名称的列表来加以验证。程序 4-63 中，可将同一句子中连续的组织机构词连接起来，形成一个完整的词。由于模型是单词级层面上的模型，所以其连接将形成程序分块的程序块形式。参见图 4-14。

程序 4-63

```python
x_test["pred"] = pred
list_set_words = []
sid_prev = 0
fg=0
sid1_list = []
for num,row in x_test[x_test.pred==1].iterrows():
    wrd = row["word"]
    ind_num = row["ind_num"]
    sid = row["sid"]
    sid1 = row["sid1"]
if((num==0) or (sid_prev!=sid)):
        wrd_prev = wrd
else:
if((ind_num-ind_num_prev)==1):
            wrd_prev = wrd_prev + " " + wrd
            fg=1
else:
if(fg==1):
            list_set_words.append(wrd_prev)
            sid1_list.append(sid1_prev)
            fg=0
            wrd_prev = wrd
    ind_num_prev = ind_num
    sid_prev = sid
    sid1_prev = sid1
df_all_ents = pd.DataFrame(sid1_list)
df_all_ents.columns = ["sid1"]
```

```
df_all_ents["ner_words"] = list_set_words
df_all_ents.head()
```

	sid1	ner_words
0	1	Malaika Arora Khan
1	2	Indira Gandhi Institute of Medical
2	2	Dr Manish Mandal
3	2	Dr
4	2	All India Institute of Medical Sciences

图4-14 连接词

正如预期的那样，所有收集到的命名实体的数据集中含有非组织机构词的命名实体。还需注意，同一个文档（sid1）中可以有多个命名实体。然而，刚开始时，在语料库中有一个 2MN 即两百万个单词的候选词集，对于组织机构类的词汇而言，词汇量已下降到了 135K 即 13.5 万个。在 df_all_ents 中，该候选数据集进一步减少到 22K 即 2.2 万个短语。可以将其写入一个名为 only_ner_tagged.csv 的文件。现在，可以通过一个已知的负面语料库（即消极的或者否定的语料库）来剔除非组织机构类的词。这将在下一个步骤中详细说明。

第 7 步：获得一个负面语料库。鉴于现在所处理的是一个新闻语料库，则可能会看到组织机构和非组织机构的混合词，可以使用一个公共数据集来剔除名人、政治家，或像金奈（Chennai）、孟买（Mumbai）等地名。可以使用 Wikidata❶ 来做同样的事情。在 Wikidata 语料库上使用 SPARQL 可以获取一个非组织实体的列表。

因此，使用 SPARQL 从 Wikidata 获得以下列表。

① 印度的名人。通过程序 4-64 中的查询，可以检索到印度的知名人士。

第 4 章
网址合集

---

❶ Wikidata（右侧二维码中网址 4-11）是一个开源项目，以 RDF 格式存储维基项目的基础信息，其资源描述框架是语义网络的数据模型，可以使用 SPARQL 来查询存储在 RDF 中的数据。

程序 4-64

```
SELECT ?item ?itemLabel WHERE { ?item wdt:P31 wd:Q5; wdt:P27 wd:Q668;
SERVICE wikibase:label { bd:serviceParam wikibase:language "en". } }
```

② 印度版世界各地。世界上的城市、州、镇和国家。参见程序 4-65。

程序 4-65

```
SELECT ?city ?cityLabel ?state WHERE {
  {?city (wdt:P31/(wdt:P279*)) wd:Q3957}
  UNION
  {?city (wdt:P31/(wdt:P279*)) wd:Q515}
  UNION
  {?city (wdt:P31/(wdt:P279*)) wd:Q149621}
  UNION
  {?city (wdt:P31/(wdt:P279*)) wd:Q13390680 }
  ?city wdt:P17 wd:Q668
SERVICE wikibase:label { bd:serviceParam wikibase:language "[AUTO_LANGUAGE],en". }
}
```

③ 政治职位，如总理、首席部长等。参见程序 4-66。

程序 4-66

```
SELECT ?postion ?positionLabel WHERE {
   {?position (wdt:P31/(wdt:P279*)) wd:Q4164871;
           wdt:P1001 ?juris.
           ?juris wdt:P31 wd:Q13390680.}
UNION
{
    ?position wdt:P31 wd:Q294414.
    ?position wdt:P17 wd:Q668.}
UNION
{
    ?position wdt:P31 wd:Q4164871.
    ?position wdt:P17 wd:Q668.
}
SERVICE wikibase:label { bd:serviceParam wikibase:language "[AUTO_LANGUAGE],en". }
}
```

第 8 步：获得第 7 步的列表后，继续着手验证第 6 步中的 2.2 万数据集。比较所拥有的文件集，并使用余弦相似度来消除常见的词。详细过程在以下步骤中描述。

第 8.1 步：在另一个记事本中读取 only_ner_tagged.csv 文件，并将数据处理成两个列表，一个带空格，一个不带空格。参见程序 4-67。

程序 4-67
```
import pandas as pd
t1 = pd.read_csv("only_ner_tagged.csv")
t2 = t1[t1.ner_words.str.len()>=4]
t2["ner_words1"] = t2["ner_words"].str.lower()
t2["ner_words2"] = t2["ner_words1"].str.replace(" ","")
ner_list_space = t2["ner_words1"].unique()
ner_list = pd.Series(ner_list_space).str.replace(" ","")
len(t1),len(t2),len(ner_list_space),len(ner_list)
(22762, 21726, 12239, 12239)
```

第 8.2 步：读取步骤 7 中生成的文件。也可从 Wikidata 打印出这些文件，以便读者对其中数据有个感性认识并进一步了解数据的情况。见程序 4-68～程序 4-71 和图 4-15～图 4-17。

程序 4-68
```
wiki_names = pd.read_csv("wikidata\persons_india.csv")
wiki_places = pd.read_csv("wikidata\city_state_country.csv")
wiki_positions = pd.read_csv("wikidata\positions_india.csv")
```

程序 4-69
```
#celebrity names from wikidata
wiki_names.head()
```

	url	itemLabel
0	http://www.wikidata.org/entity/Q55713	Anand Yadav
1	http://www.wikidata.org/entity/Q55716	Bhargavaram Viththal Varerkar
2	http://www.wikidata.org/entity/Q55719	Sarojini Vaidya
3	http://www.wikidata.org/entity/Q55735	Aroon Tikekar
4	http://www.wikidata.org/entity/Q55744	Vijay Tendulkar

图 4-15　印度的名人列表

程序 4-70

```
##places in india and countries of word
wiki_places.head()
```

	url	itemLabel
0	http://www.wikidata.org/entity/Q1154	Jamnagar
1	http://www.wikidata.org/entity/Q9461	Khedbrahma
2	http://www.wikidata.org/entity/Q9894	Dharmapuri
3	http://www.wikidata.org/entity/Q11854	Rajkot
4	http://www.wikidata.org/entity/Q13221	Tezu

图 4-16　印度版世界各地

程序 4-71

```
##positions of public importance in india
wiki_positions.head()
```

	url	itemLabel1	itemLabel
0	NaN	Chief Minister of Telangana	Chief Minister
15	NaN	of Maharashtra	
29	NaN	governor of Telangana	governor
32	NaN	Member of Telangana Legislative Council	Member
33	NaN	Governor of Punjab	Governor

图 4-17　印度政治职位

第 8.3 步：处理数据列，并将文件合并到一个数据帧。然后就可以创建有空格和无空格的非重复列表。参见程序 4-72 和程序 4-73。

程序 4-72

```
wiki_names.columns = ["url","itemLabel"]
wiki_places.columns = ["url","itemLabel"]
wiki_positions.columns = ["url","itemLabel1"]
##processing words like "of Gujarat","of Delhi" to arrive at better similarity
```

```
wiki_positions["itemLabel"] = wiki_positions["itemLabel1"].str.replace('of
[a-zA-Z\s]+','')
wiki_names = wiki_names.drop_duplicates(["itemLabel"]) wiki_places =
wiki_places.drop_duplicates(["itemLabel"]) wiki_positions =
wiki_positions.drop_duplicates(["itemLabel"])
wiki_all = pd.concat([wiki_names,wiki_places,wiki_positions],axis=0)
```

程序 4-73

```
wiki_all["itemLabel1"] = wiki_all["itemLabel"].str.lower()
item_list_space = pd.Series(wiki_all["itemLabel1"].unique())
wiki_all["itemLabel2"] = wiki_all["itemLabel1"].str.replace(" ","")
item_list = pd.Series(item_list_space).str.replace(" ","")
```

第 8.4 步：现在对第 8.1 和第 8.3 步中的列表进行矢量化。有空格的列表用单词向量器（ner_list, item_list）进行矢量化，没有空格的列表用字符向量器（ner_list_space, item_list_space）矢量化，然后将输出结果连接成两个单独的数组：一个是入选的命名实体，另一个是 Wikidata 语料库。参见程序 4-74 和程序 4-75。

程序 4-74

```
from sklearn.feature_extraction.text import TfidfVectorizer
vectorizer = TfidfVectorizer(analyzer = 'char',ngram_range = (4,6),min_
df=0.0001)
ner_vect_char = vectorizer.fit_transform(ner_list)
wiki_vect_char = vectorizer.transform(item_list)
vectorizer1 = TfidfVectorizer(analyzer = 'word',ngram_range = (1,1),min_
df=0.0001)
ner_vect_word = vectorizer1.fit_transform(ner_list_space)
wiki_vect_word = vectorizer1.transform(item_list_space)
```

程序 4-75

```
from scipy.sparse import hstack
ner_vect = hstack([ner_vect_char,ner_vect_word])
wiki_vect = hstack([wiki_vect_char,wiki_vect_word])
```

第 8.5 步：现在来提取 ner_vect 和 wiki_vect 的余弦相似性（也即余弦相似度）。参见程序 4-76。

程序 4-76
```
from sklearn.metrics.pairwise import cosine_similarity
sim_vec = cosine_similarity(ner_vect,wiki_vect,dense_output=False)
```

第 8.6 步：如果余弦相似度的值大于 0.6，则认为得到了一个匹配。由于有一个稀疏矩阵，则可以将其转换成坐标格式（Coo）。Coo 格式是将数据信息存储在三个数组中，这三个数组分别用于存储数据的行（行序列）、列（列序列）和数据。参见程序 4-77 和图 4-18。

程序 4-77
```
condition = (sim_vec >=.6)
coo = condition.tocoo()
df_matches = pd.DataFrame(columns = ["wiki_match_label","ner_match_label"])
wiki_match_label = [item_list[i] for i in coo.col]
ner_match_label = [ner_list[i] for i in coo.row]
df_matches["wiki_match_label"] = wiki_match_label
df_matches["ner_match_label"] = ner_match_label
df_matches.head()
```

	wiki_match_label	ner_match_label
0	malaikaarora	malaikaarorakhan
1	manishmanikpuri	drmanishmandal
2	kashmirsingh	kashmir
3	rupsa,india	india
4	bassi,india	india

图 4-18　存储匹配数据

第 8.7 步：与原始数据集进行匹配，得到不匹配的实体，并将其作为最终过滤的组织实体。参见程序 4-78。

程序 4-78
```
t3 = pd.merge(t2,df_matches, left_on = "ner_words2", right_on = "ner_match_ label", how = "left")
len(t3[t3.ner_match_label.isna()==True])
13149
```

数据集已被减少了一半,可以看到列表中的顶级词汇(即热门词汇)快速而简洁的分布情况。参见程序 4-79 和图 4-19。

程序 4-79

```
t3.loc[t3.ner_match_label.isna()==True,"ner_words1"].value_counts()
```

```
supreme court              222
congress                   141
air india                   94
world cup                   86
open sans                   77
aam aadmi party             56
india today                 54
police                      53
bharatiya janata party      52
also                        51
party                       50
indian army                 40
army                        32
us president donald trump   29
income tax                  29
samajwadi party             29
high court                  27
bombay high court           27
april                       26
rajya sabha                 26
university                  25
lok sabha                   25
state bank                  24
president donald trump      24
......                    ......
```

图 4-19 热门词汇分布情况

可以在图 4-19 中看到很多组织机构(确切地说是与组织机构相关的词)。如果用 count >= 10 的过滤器,则有 115 个独立的单词。程序 4-80 是一个用于识别每一行英文单词的百分比的程序。典型的组织机构名称会有较少的英文单词,而更多的是类似"名称(names)"的单词。为此,使用一个名为 enchant(右侧二维码中网址 4-12)的库,这将在下一步骤中进行深入研究。同时也请参见程序 4-81。

程序 4-80

```
shrt_words = pd.DataFrame(t3.loc[t3.ner_match_label.
isna()==True,"ner_ words1"].value_counts()).reset_index()
shrt_words.columns = ["words","count"]
```

程序 4-81

```
word_checks = enchant.Dict("en_US")
defchk_eng(word):
tot_flag = 0
for i in word.split():
flag = word_checks.check(i)
if(flag==True):
tot_flag = tot_flag +1
return tot_flag
shrt_words["eng_ind"] = shrt_words["words"].apply(chk_eng)
shrt_words["word_cnt"] = (shrt_words["words"].str.count(" "))+1
shrt_words["percent"] = shrt_words["eng_ind"]/shrt_words["word_cnt"]
shrt_words.to_clipboard()
```

第 8.8 步：回到起点，银行感兴趣的是对那些在公共论坛上被提及的组织机构的监测与监视，以达到信用跟踪或欺诈监测的目的。现在，可以看一下这 115 个单词（计数≥10）或所有的词或 shrt_words（剔除全部英语单词），并可以手动浏览列表，找出感兴趣的组织机构。注意：由于在各阶段各部分内容中处理的都是新闻文章，所以，得到的所有被提及的诸如政党或公共机构（例如印度军队）之类的公共组织都是很平常的、很常见的。浏览该列表，识别并确定感兴趣的私人组织机构，同时进行匹配。

通过手动浏览查看第 8.7 步中生成的名单列表，得到了表 4-5 中所列出的组织机构。

表 4-5 组织机构列表

air india
gandhi institute of medical
red bull
united airlines
qatar airways
patanjali research institute
jet airways
millennium school
facebook

续表
microsoft
cbfc
maruti celerio
facebook india md
sony xperia xz premium
foxx
uber ceo travis kalanick
bharti airtel
airtel
change. org
uber india president amit jain
emami

第9步：需要利用第8.4步中入选的组织机构来识别并确定原始文章。参见程序4-82。

程序4-82

```
###modified uber indi president to uber india
df_all_short_list = pd.read_csv("interest_words_tag.csv",header=None)
df_all_short_list.columns = ["words_interest"]
list_short = list(df_all_short_list["words_interest"].unique())
```

将入选的单词与语料库中的单词在 imp_col 列栏目中进行匹配，并提取其匹配结果。则终于从当初含有4396个句子的语料库中找到了216篇文章。参见程序4-83和程序4-84。

程序4-83

```
list_interest_all = []
for i in t2["imp_col"].str.lower():
    wrd_add = ''
for j in list_short:
if(i.find(j)>=0):
        wrd_add = j
break;
    list_interest_all.append(wrd_add)
```

程序 4-84

```
t2["short_list"] = list_interest_all
t3 = t2[t2.short_list.str.len()>=3]
len(t3)
216
```

第 10 步：现在终于可以提取句子中含有的情感了。为了更高效地通过举例来说明问题，这里将使用 Vader 情感包，也可以用前述第 3 章中的任何情感技术来完成（即不用 Vader 情感包，用第 3 章中的情感技术也能完全实现）。参见程序 4-85 和程序 4-86 以及图 4-20。

程序 4-85

```
from vaderSentiment.vaderSentiment import SentimentIntensityAnalyzer
analyser = SentimentIntensityAnalyzer()
defget_vader_score(sents):
    score = analyser.polarity_scores(sents)
return score['compound']
t3["score"] = t3["imp_col"].apply(get_vader_score)
```

程序 4-86

```
sent_agg = t3.groupby(['short_list'], as_index = False)['score'].mean()
sent_agg
```

	short_list	score
0	air india	-0.123904
1	airtel	0.964140
2	bharti airtel	0.284985
3	cbfc	-0.197989
4	change.org	-0.776450
5	emami	0.959300
6	facebook	0.000423

7	foxx	0.029850
8	gandhi institute of medical	-0.092130
9	jet airways	-0.851844
10	maruti celerio	-0.998500
11	microsoft	0.406889
12	millennium school	-0.941900
13	patanjali research institute	0.799800
14	qatar airways	-0.338900
15	red bull	0.917275
16	sony xperia xz premium	0.969650
17	uber india	0.926200

图4-20 提取分析句子情感结果

4.2 NLP在银行、金融服务和保险业的其他应用案例

银行、金融服务和保险业从客户那里收集大量的结构化数据，对于大型银行来说，从每个用户收集到的数据可以达到数十万例。因此，即使使用NLP，也是有限的一些变量被用于模型和计算。NLP数据的主要来源可能包括客户关怀（语音和文本）、销售代表记录、客户经理记录、客户交易记录、调查反馈以及近期外部数据（社交媒体和新闻语料库数据）。对于保险业，索赔单会得到处理，利用这些数据，NLP被用于识别或分析确认欺诈、风险、减员与消耗、营销活动的目标、销售舞弊等不当行为、索赔流程、投资建议、投资组合管理等各种业务。

4.2.1 短信数据

已被金融机构广泛使用的另一个文本数据来源是用户短信数据。一些个人金融管理公司（也称个人财务管理公司）通过挖掘用户的短信数据，以得到用户的需求和财务状况。用户的短信数据（需经用户同意的情况下使用）提供了有关该用户在购物和财务偏好方面丰富的信息。

4.2.2　银行业的自然语言生成

自动洞察力生成（简称自动洞察）是一个即将到来的技术领域，它已被需要处理大量报告、报表业务的投资公司和金融机构所采用。给定一组图形图表，可以利用自然语言生成技术从中生成有意义的自动叙述，虚拟助理现在正占据着金融机构的中心舞台。利用客户支持历史数据，可以开发出能够理解并恰如其分地回应客户的对话代理。

表 4-6 列出了本章所用到的各种程序包。

表 4-6　第 4 章中使用的程序包

程序包名称	版本
absl-py	0.7.1
astor	0.8.0
attrs	19.1.0
backcall	0.1.0
bleach	3.1.0
blis	0.2.4
boto3	1.9.199
boto	2.49.0
botocore	1.12.199
certifi	2019.3.9
chardet	3.0.4
click	7.1.2
colorama	0.4.1
cycler	0.10.0
cymem	2.0.2
dataclasses	0.7
decorator	4.4.0
defusedxml	0.6.0
docopt	0.6.2
docutils	0.14
eli5	0.9.0

续表

程序包名称	版本
en-core-web-md	2.1.0
en-core-web-sm	2.1.0
entrypoints	0.3
fake-useragent	0.1.11
filelock	3.0.12
fuzzywuzzy	0.18.0
gast	0.2.2
gensim	3.6.0
gensim	3.8.0
graphviz	0.11.1
grpcio	1.21.1
h5py	2.9.0
idna	2.8
imageio	2.9.0
inflect	2.1.0
ipykernel	5.1.1
ipython-genutils	0.2.0
ipython	7.5.0
jedi	0.13.3
jinja2	2.10.1
jmespath	0.9.4
joblib	0.13.2
jsonschema	3.0.1
jupyter-client	5.2.4
jupyter-core	4.4.0
keras-applications	1.0.8
keras-preprocessing	1.1.0
preshed	2.0.1
prompt-toolkit	2.0.9
protobuf	3.8.0

续表

程序包名称	版本
pybind11	2.4.3
pydot	1.4.1
pyenchant	3.0.1
pygments	2.4.2
pyparsing	2.4.0
pyreadline	2.1
pyrsistent	0.15.2
pysocks	1.7.0
python-dateutil	2.8.0
pytrends	1.1.3
pytz	2019.1
pywavelets	1.1.1
pyyaml	5.1.1
pyzmq	18.0.0
regex	2020.6.8
requests-oauthlib	1.2.0
requests	2.22.0
s3transfer	0.2.1
sacremoses	0.0.43
scikit-image	0.17.2
scikit-learn	0.21.2
scipy	1.3.0
sentencepiece	0.1.92
setuptools	41.0.1
shap	0.35.0
six	1.12.0
sklearn	0
smart-open	1.8.4
spacy	2.1.4
srsly	0.0.6

续表

程序包名称	版本
stop-words	2018.7.23
tabulate	0.8.3
tensorboard	1.13.1
tensorflow-estimator	1.13.0
tensorflow	1.13.1
termcolor	1.1.0
testpath	0.4.2
textblob	0.15.3
thinc	7.0.4
tifffile	2020.7.22
tokenizers	0.7.0
tornado	6.0.2
tqdm	4.32.1
traitlets	4.3.2
transformers	2.11.0
tweepy	3.8.0
typing	3.7.4
urllib3	1.25.3
vadersentiment	3.2.1
wasabi	0.2.2
wcwidth	0.1.7
webencodings	0.5.1
werkzeug	0.15.4
wheel	0.33.4
wincertstore	0.2
word2number	1.1
wordcloud	1.5.0
xgboost	0.9

Practical Natural Language Processing with Python
With Case Studies from Industries Using Text Data at Scale

第 5 章

NLP 在虚拟助手中的应用

5.1 网络机器人（Bot 程序）种类
5.2 经典方法
5.3 生成响应法
5.4 BERT（基于转换器的双向编码表征）
5.5 构建网上对话机器人的更多细微差别

虚拟助手是对用户查询做出响应的智能系统，它们还可以与用户展开对话。虚拟助手的起源可以追溯到 20 世纪 50 年代，当时，图灵测试被用来区分人类对话和机器对话，自那时起至今，特别是近十年来，自然语言处理取得了令人瞩目的快速发展。当今，机器合成响应（machine synthesis responses，即人工合成语音）中的自然语言生成技术（natural language generation techniques，NLGT）已在许多组织机构与行业中普及应用。本书前 4 章所述内容都是有关如何处理自然语言理解（natural language understanding，NLU）问题的，从中看到了许多有关提取意图、情感等方面的方法。在自然语言生成（natural language generation，NLG）中，机器学习算法（machine learning algorithms）被用于生成句子。本章将带领读者探索一个面向机器人的自然语言生成实例。

5.1 网络机器人（Bot 程序）种类

图5-1 和CURIE BOT对话

网络机器人（Bot 程序）又称为网上机器人❶，被分为两种主要类别：通用的网上机器人和面向目标的网上机器人（也称目标导向的网上机器人），通用的网上机器人被用于娱乐或非特定的目标。Siri 是一个通用的网上机器人，你可以问它一些诸如"你好吗？""天气怎么样？"之类的简单问题，并可以看到网上机器人给出的充满乐趣的回答。这里，用户除了想展开一个对话外，并没有在脑中预设一个目标。图 5-1 给出了一个通用的网上机器人"CURIE BOT"示例。

目标导向的网上机器人被用于处理非常具体的特定问题，并期望它提供非常精准的答案，如检查航班状态或获取酒店预订选项。如表 5-1 所示。

---

❶ Bot 特指互联网上的自动程序，或称为网上机器人、机器人程序。现实物理世界中有物理实体的机器人的英文单词为 Robot，去掉该词的 Ro，取 Bot，作为网络上自动运行的程序"机器人"。本书中的 Bot、Bots（Bot 的复数）等词所指都是网络上的自动程序。——译者注

表5-1 一个目标导向的网上机器人

机器人	How can I help you?（您需要什么？）
客户	Want to book a table for 2.（我想订一张两人桌。）
机器人	Sure. Which location are you looking at?（好的！您看中了哪个位置？）
客户	I stay in east of avenue street and hence looking for places close by（我在林荫大道街东，想找个近一点儿的地方。）
机器人	Which cuisine would you prefer?（您喜欢什么菜肴？）
客户	Fine Dine Indian Restaurant.（最好是家印度菜馆。）
机器人	Great to know that. I can book table for two at Punjabi Frill at 8PM this evening.（了解了。我可以为您在Punjabi Frill订一张今晚八点的两人桌。）
客户	Perfect.（很好。）
机器人	Have a great day. It's a pleasure to serve you.（祝您用餐愉快，很高兴为您服务。）

网上机器人给出的答复必须是精确的，并且应该解决客户的问题。如果机器人有任何行为偏差而偏离了这一行为准则，那将会给用户带来非常糟糕的用户消费体验。

在本章中将看到训练网上机器人的两种方法：一种是非常经典的方法，更适合于业务；另一种方法更侧重于生成对话语料库。本章最后，将用谷歌提出的"基于转换器的双向编码表征（bidirectional encoder representations from transformers，简称BERT）"语言模型作为经典方法来训练网上机器人。最后，本章还在表 5-6 中列出了本章所用到的程序包。

5.2 经典方法

一个已在运行的基于聊天或语音客户服务的组织机构（通常使用这一场景作为起点），按不同意图对语料库进行划分，对于每个意图，要识别并确定网上机器人需要遵循的工作流程（简称工作流）：下一组问题、与 IT 系统的集成或者为处理好意图要求所需的任何其他步骤。

本书作者已创建了一个以人们对信用卡公司经常提出的服务要求为主题内容的样本数据集，意图是要确定网上机器人应遵循的工作流程。使用长 - 短期记忆结构 (long short-term memory architecture，LSTM) 与正则神经网络（regular neural network）构建一个简单的分类器。在深入研究 LSTM 之前，先来快速浏览一下数据。参见程序 5-1 和图 5-2。

程序 5-1　数据

```python
import pandas as pd
t1 = pd.read_csv("bank4.csv",encoding = 'latin1')
t1.head()
```

	Line（名子）	Final intent（最终意图）
0	Hi（你好）	greetings（打招呼）
1	Hi,My name is...（你好，我的名字是……）	greetings（打招呼）
2	I am facing issues with my credit card（我的信用卡出问题了）	others（其他）
3	please help waive my annual membership（请帮我取消我的年度会员）	Annual Fee Reversal（取消年费）
4	please reverse my annual charges（请取消我的年度费用）	Annual Fee Reversal（取消年费）

图5-2　数据

Final intent 列是用户的意图，每个意图都有一个不同的工作流。在这个例子中，将展示一个意图之后的下一个问题。参见程序 5-2 和图 5-3。

程序 5-2

```python
t1["Final intent"].value_counts()
```

```
           greetings（打招呼）              1525
        Foreign Travel（国外旅行）            700
        Card Delivery（信用卡发放）           600
         Report Fraud（报告诈骗）            600
     branch_atm_locator（ATM机定位）        550
      Track application（跟踪应用或申请）       450
     Credit Limit related（信贷额度相关）      400
         Pin related（个人识别码相关）          400
       Card Activation（信用卡激活）          350
        Blocked Card（信用卡受阻）            350
     Card Cancellation（信用卡撤销）          350
       Payment related（支付相关）           300
            others（其他）                 227
      Statement related（状态相关）          150
    Annual Fee Reversal（取消年费）          150
名称：最终意图                          数据类型：int64
```

图5-3　最终意图列表

其基本思想是：一旦用户的意图被识别出来，机器人将会提出一系列指导性问题来解决用户查询。图 5-4 是关于"重设 PIN"的一个工作流实例。

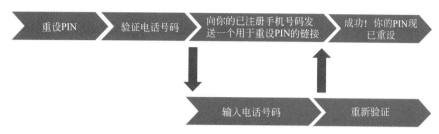

图5-4　经典方法的工作流

对于每个意图，都有一个回答来表示工作流的开始，用以说明想法。参见程序 5-3 和图 5-5。

程序 5-3

```
fp_qns = pd.read_csv('follow_up_qns_v1.csv')
fp_qns.head()
```

	分类	数目	发送
0	greetings（打招呼）	1525	Hi how can I help you（您好！请问您需要什么帮助吗？）
1	Foreign Travel（国外旅行）	700	I understand you want to notify us on your trav…（我了解到您想在您的旅行中通知我们……）
2	Card Delivery（信用卡发放）	600	I willquickly check on your card delivery status（我将尽快核对您的信用卡发放状态）
3	Report Fraud（举报诈骗）	600	Please contact××××-××××× for reporting fraud（举报诈骗请联系××××-×××××）
4	branch_atm_locator（ATM机定位）	500	Please provide your address（请提供您的地址）

图5-5　意图回复

现在，使用一些正则表达式对数据集进行预处理，然后分割出训练集与测试集。使用正则表达式做如下一系列操作：

① 将诸如 \r 和 \n 的特殊字符替换为空格；

② 用一个表明它们是资源定位符（即 URL，统一资源定位地址）的单词来替换网络链接。每当替换这些实体时，都要添加 _pp 后缀。因此，网站链接被一个名为 url_pp 的标识所取代，这样做的目的是便于后面的分析而预先标明（确切地说是声明）它是一个替换词。这种区别还有助于模型区分语料库中原本存在的单词（例

如 URL）和使用预处理期间替换来的单词 (url_pp)；

③ 替换日期和电话号码；

④ 替换百分比；

⑤ 替换货币的数额（即款额）；

⑥ 替换信用卡号和一次性密码（即 otp）；

⑦ 将没有在第 6 步被捕获出来的任何其他数字替换为 simp_digt_pp；

⑧ 将所有数字和特殊字符转换完成后，任何非数字（除了空格或"_"）都将被视为空格处理。参见程序 5-4。

程序 5-4

```
def preproc(newdf):
    newdf.ix[:,"line1"]=newdf.Line.str.lower()
    newdf.ix[:,"line1"] = newdf.line1.str.replace("inr|rupees","rs")
    newdf.ix[:,"line1"] = newdf.line1.str.replace("\r"," ")
    newdf.ix[:,"line1"] = newdf.line1.str.replace("\n"," ")
    newdf.ix[:,"line1"] = newdf.line1.str.replace("[\s]+"," ")

    newdf.ix[:,"line1"] = newdf.line1.str.replace('http[0-9A-Za-z:\/\/\.\?\=]*','url_pp ')
    newdf.ix[:,"line1"] = newdf.line1.str.replace('[0-9]+\/[0-9]+\/[0-9]+','date_pp ')
    newdf.ix[:,"line1"] = newdf.line1.str.replace('91[7-9][0-9]{9}','mobile_pp ')
    newdf.ix[:,"line1"] = newdf.line1.str.replace('[7-9][0-9]{9}',' mobile_pp ')

    newdf.ix[:,"line1"] = newdf.line1.str.replace('[0-9]+%',' digits_percent_pp ')
    newdf.ix[:,"line1"] = newdf.line1.str.replace('[0-9]+percentage',' digits_percent_pp ')
    newdf.ix[:,"line1"] = newdf.line1.str.replace('[0-9]+th',' digits_th_pp ')
    newdf.ix[:,"line1"]=newdf.line1.str.replace('rs[.,]*[0-9]+[,.]?[0-9]+[,.]?[0-9]+[,.]?[0-9]+[,.]?','money_digits_pp ')
    newdf.ix[:,"line1"] = newdf.line1.str.replace('rs[., ]*[0-9]+','money_digits_small_pp ')

    newdf.ix[:,"line1"] = newdf.line1.str.replace('[0-9]+[x]+[0-9]*','cardnum_pp ')
```

```
        newdf.ix[:,"line1"] = newdf.line1.str.replace('[x]+[0-9]+',' cardnum_
pp ')
        newdf.ix[:,"line1"] = newdf.line1.str.replace('[0-9]{4,7}','simp_digit_
otp ')
        newdf.ix[:,"line1"] = newdf.line1.str.replace('[0-9]+',' simp_digit_pp ')
        newdf.ix[:,"line1"] = newdf.line1.str.replace("a/c," ac_pp ")
        newdf.ix[:,"line1"] = newdf.line1.str.replace('[^a-z _]',' ')
        newdf.ix[:,"line1"] = newdf.line1.str.replace('[\s]+'," ")
        newdf.ix[:,"line1"] = newdf.line1.str.replace('[^A-Za-z_]+', ' ')
        return newdf
t2 = preproc(t1)
```

接下来，对训练数据集和测试数据集做分层抽样。训练集被用来构建模型，测试集被用来验证模型。分层抽样的作用是使 14 种意图在训练集和测试集中的分布尽可能相似。参见程序 5-5。

程序 5-5

```
tgt = t2["Final intent"]

from sklearn.model_selection import StratifiedShuffleSplit
sss = StratifiedShuffleSplit(test_size=0.1,random_state=42,n_splits=1)

for train_index, test_index in sss.split(t2, tgt):
    x_train, x_test = t2[t2.index.isin(train_index)], t2[t2.index.
isin(test_index)]
    y_train, y_test = t2.loc[t2.index.isin(train_index),"Final intent"],
    t2.loc[t2.index.isin(test_index),"Final intent"]
```

5.2.1 LSTM 概述

与传统的经典数据挖掘模型不同，文本特征是按顺序相互关联的。例如，如果一个句子的第一个单词是 "I(我)"，那么后面很可能会跟着 "am(是)"，单词 "am" 后面很可能跟着一个名字或动词。因此，在 TF-IDF（词频 - 逆文档频率）矩阵中，如果将单词视为彼此不相关，就不能完全合理地处理问题。Ngrams 模型可以解决一些序列即排序问题，但对于较长的 Ngrams 模型将会生成稀疏矩阵。因此，对于这个问题，可以把它视为一个 "序列到序列（sequence-to-sequence）" 的分类器问题来处理。

当句子被视为序列处理时，递归神经网络（recurrent neural networks，RNN）可以帮助解决"序列到序列"的问题。图 5-6 给出了一个简单的递归神经网络结构，它来自左侧二维码中网址 5-1。

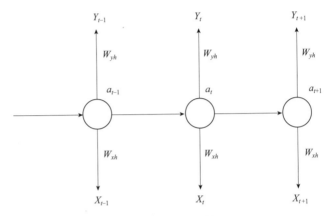

图5-6　RNN结构

如图 5-6 所示，X_{t-1} 的隐含层输出与下一次输入 X_t 一起输出到下一层。同样地，第三层接受 X_t 和 X 的隐含层输入。然而，图 5-6 所示的 RNN 结构并不知道哪些输入要"记住"，哪些输入要"忘记"。在一个句子中，不是每个单词都会影响其他单词出现的概率。例如，在"她经常光顾购物中心（She visits the mall often）"一句中，"经常（often）"对"光顾（visit）"一词的依赖程度比之于"她（She）"或"购物中心（mall）"要高。还需要一个机制让顺序网络知道哪些顺序是重要的而哪些最好是要被网络遗忘的。此外，RNNs 被发现存在梯度消失问题，即随着时间分量（或称时间成分）数量的增加，反向传播阶段的梯度在反向传播期间开始减少，实际上对其中的学习算法已没有任何贡献。你可以通过左侧二维码中网址 5-2 来详细地学习了解有关梯度消失问题的相关知识。

为了解决长序列训练过程中的梯度消失以及梯度爆炸等问题，Hochreiter 和 Schmidhuber 提出了一种名为 LSTM（即长短期记忆，long short-term memory）的特殊的 RNN。现如今，LSTM 已用于各种"序列到序列"问题，并且相当流行，无论是在 NLP 中诸如文本生成的问题，还是在时效预测模型方面，LSTM 都得以广泛应用。在最基本的层面上，LSTM 是由输出两个值

（一个是隐含状态，一个是单元状态）的单元，即二值单元组成的，其中的单元状态是 LSTM 每个单元的存储器，它被三个门控制来帮助单元理解什么是要忘记的，什么是要额外添加的信息。隐含状态是经过修改后的单元状态，并且被用作该单元的输出。这些状态由遗忘门、输入门和输出门这三个门控制。参见图 5-7。

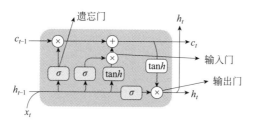

图5-7　LSTM的三个门

（1）遗忘门

遗忘门通过修改单元状态的值来遗忘部分信息。这是通过将过去的隐含状态与当前的值合并，并使用 sigmoid 函数将它们的值压缩来实现的。当与最后一个单元的单元状态值相乘后，这个由 0 到 1 的数字组成的数组被充当为遗忘门。参见式 5-1 和图 5-8。

$$f_t = \sigma_g(W_f x_t + U_f h_{t-1} + b_f) \quad (5\text{-}1)$$

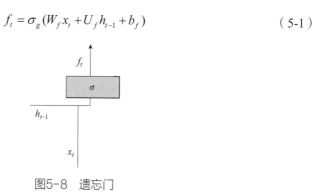

图5-8　遗忘门

（2）输入门

输入门找出需要添加到单元状态中的信息。它是最后的隐含输入和当前输入的加权乘积，并且当前的输入需要用 sigmoid 函数和 tan 函数激活。首先，最后一个单元的隐含状态与当前值相乘，并被 sigmoid 函数压缩，并且，最后一个单元的隐含状态与当前单元的值相乘，但被 tan 函数压缩。然后这两个向量相乘，再加上单元的值。与遗忘门不同的是，遗忘门是将 0 到 1 的值与前一个单元状态相乘，而输入门则是相加,即它将一组操作的输出与单元状态相加。参见式 5-2。

$$i_t = \sigma_g(W_i x_t + U_i h_{t-1} + b_i)$$
$$\tilde{c}_t = \sigma_h(W_c x_t + U_c h_{t-1} + b_c)$$
(5-2)

最后一个门是 c_t 和 i_t 的乘积,然后该值被加到修改的单元状态中。参见式 5-3 和图 5-9。

$$c_t = f_t\, c_{t-1} + i_t\, \tilde{c}_t \qquad (5\text{-}3)$$

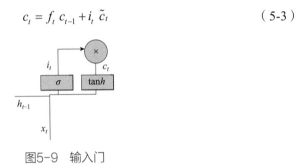

图5-9 输入门

(3)输出门

输出门决定了单元状态的输出。并非所有与单元状态相关的值都可以作为单元的输出。输出状态是最后一个单元的隐含状态与当前输出的乘积。当用 s 形函数进行压缩时,它就变成了滤波器。当前的单元状态 (c_t) 被 tan 函数压缩,然后这个单元状态被选定的滤波器修改。参见式 5-4。

$$o_t = \sigma_g(W_o x_t + U_o h_{t-1} + b_o)$$
$$h_t = o_t\, \sigma_h(c_t)$$
(5-4)

式中,h_t 是该单元的输出,参见图 5-10。

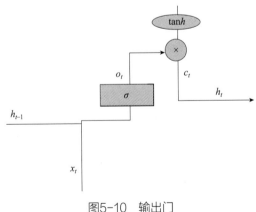

图5-10 输出门

5.2.2 LSTM 的应用

学习了 LSTM 的概念后,将继续学习如何将其应用到想要处理的问题中。将句子编码成固定长度后,将它们提供给分类器以获取到最终意图。通常 LSTM 的输入将被转换到 $N \cdot L \cdot V$ 维度的空间,其中,N 表示行数;L 是句子的最大长度。不同句子的长度不同,而需要所有的句子都是等长的,这可以通过填充法来实现。可以把一个句子删减到前 X 个单词,或者最后 X 个单词,这些保留的单词很重要,或者可以从给定语料库中提取最长句子的长度作为 L 值。如果一个句子只有 5 个单词,而当 L 值为 10 时,就可以通过添加任意的单词到剩余长度当中来加以补齐。最后,V 是语料库的词汇表,需将其转换为独热编码(one-hot encoding)。

然而,在例子中或具体问题情况下,可使用填补过的句子来训练神经网络,并通过使用嵌入层来转换出 LSTM 所需要的特征。该嵌入层的输出(未被扁平化处理)被馈送至 LSTM 层。

程序 5-6 中的功能函数首先查询最长的句子,并获得其最大长度(L)。然后,由一个函数将文本转换为数字,并将每个句子填充到所需的长度。

程序 5-6

```
def get_max_len(list1):
    len_list = [len(i) for i in list1]
    return max(len_list)
```

可使用 Keras(基于 Python 的深度学习库)来加以学习、实践。本节最后给出了 Keras 和 Tensorflow 的安装程序。参见程序 5-7 和程序 5-8。

程序 5-7

```
from keras.preprocessing.text import Tokenizer
from keras.preprocessing.sequence import pad_sequences
from keras.utils import to_categorical
tokenizer = Tokenizer()

def conv_str_cols(col_tr,col_te):
    tokenizer = Tokenizer(num_words=1000)
    tokenizer.fit_on_texts(col_tr)
    col_tr1 = tokenizer.texts_to_sequences(col_tr)
    col_te1 = tokenizer.texts_to_sequences(col_te)
    max_len1 = get_max_len(col_tr1)
```

```
        col_tr2 = pad_sequences(col_tr1, maxlen=max_len1,
dtype='int32',padding='post')
    col_te2 = pad_sequences(col_te1, maxlen=max_len1, dtype='int32',
    padding='post')
    return col_tr2,col_te2,tokenizer,max_len1
```

程序 5-8

```
tr_padded,te_padded, tokenizer,max_len1 = conv_str_cols(x_train["line1"],x_
test["line1"])
tr_padded.shape,te_padded.shape
((6391, 273), (711, 273))
```

这个数组中已经有了 $N \times L$（带填充的长度），现在需将因变量转换为独热编码格式（一位有效编码形式），以便最后使用 softmax 分类器。参见程序 5-9 与程序 5-10。

程序 5-9

```
From keras.utils import to_categorical
from sklearn.preprocessing import LabelEncoder
le = LabelEncoder()
y_train1 = le.fit_transform(y_train)
y_test1 = le.fit_transform(y_test)
y_train2 = to_categorical(y_train1)
y_test2 = to_categorical(y_test1)
```

程序 5-10

```
classes_num = len(y_train.value_counts())
```

嵌入一个输入层并将其传递给 LSTM，该 LSTM 的输出被送至一个时间分布密集层，该层再被馈送连接至以 classes_num 为节点数的完全连接密集层。关于 LSTM 中的节点数有一点需要注意：它们等价于前馈神经网络中的隐含层节点。图 5-11 对此做出了简洁而清晰的描述。

5.2.3　时间分布层

LSTM 的输出被馈送至时间分布层。这意味着每一次 LSTM 的输出被输入至一个单独的密集层，然后为每个 LSTM 的时间输入提取 n 个时间步长的值。例如，对于一个具有 5 个隐含节点和 3 个时间步长作为输入的 LSTM，节点 1 的时间分布层

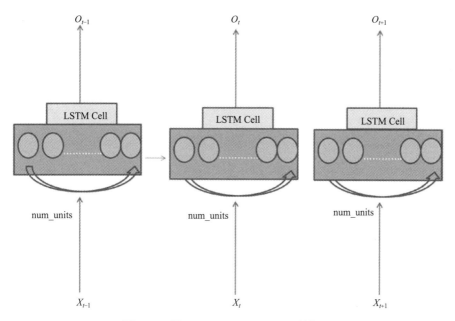

图5-11 关于num_units和LSTM的解释

的输入为 3D，即三维层（样本数 ×3×5），输出也为三维层（样本数 ×3×1）。基本上，以每个时间步从 LSTM 序列中提取一个值，它将被进一步馈送到密集层中。

例如，如果定义了一个有 5 个节点的时间分布层，则输出的形式将为样本数 × 3×5。用一个小例子来演示这个事实，该例子中的时间分布层具有 5 个时间步输入和 6 个节点，参数 return_sequences 返回每个时间步的状态，参见程序 5-11 和图 5-12。

程序 5-11

```
from keras.models import Sequential
from keras.layers import Dense
from keras.layers import Flatten
from keras.layers.embeddings import Embedding
from keras.layers import LSTM,Flatten,TimeDistributed
model = Sequential()
model.add(LSTM(5, input_shape=(3, 1), return_sequences=True))

model.add(TimeDistributed(Dense(6)))
model.summary()
```

Layer（type）层（类型）	OutputShape（输出形式）	Param #（参数#）
lstm_43（LSTM）	(None，3，5)	140
time_distributed_18（TimeDis）	(None，3，6)	36
Total param（参数总计）：176		
Trainable param（训练参数）：176		
Non-trainableparam（非训练参数）：0		

图5-12　程序5-11示例结果

现在回到最初始的分类器程序。在这里，得到了一个已嵌入的输入，并将第一个输入（所有输入时间步的输出）堆叠输入至第二个LSTM。第二个LSTM具有50个隐含单元，并为时间分布层提供一个3D即三维的输入。时间分布层的输出被传递到最后的密集层，所有时间步的节点（50个）共享相同的权重，然后执行softmax分类器。参见程序5-12和图5-13。

程序5-12

```python
from keras.models import Sequential
from keras.layers import Dense
from keras.layers import Flatten
from keras.layers.embeddings import Embedding
from keras.layers import LSTM,Flatten,TimeDistributed

model = Sequential()
model.add(Embedding(1000, 100, input_length=max_len1))
model.add(LSTM(100,return_sequences=True))
model.add(LSTM(50,return_sequences=True))
model.add(TimeDistributed(Dense(50, activation='relu')))
model.add(Flatten())
model.add(Dense(classes_num, activation='softmax'))
# compile the model
model.compile(optimizer='adam', loss='categorical_crossentropy',
metrics=['accuracy'])
# summarize the model
print(model.summary())
# fit the model
model.fit(tr_padded, y_train2, epochs=10, verbose=2,batch_size=30)
```

Layer (type) 层（类型）	Output Shape(输出形状)	Param #(参数#)
embedding_24(Embedding)	(None, 273, 100)	100000
lstm_37(LSTM)	(None, 273, 100)	80400
lstm_38(LSTM)	(None, 273, 50)	30200
time_distributed_13(TimeDistributed)	(None, 273, 50)	2550
flatten_10(Flatten)	(None,13650)	0
dense_30(Dense)	(None, 15)	204765

Total param（参数总计）：417,915
Trainable param（训练参数）：417,915
Non-trainable param（非训练参数）：0

图5-13　程序5-12的结果

现在可以得到测试数据集的准确度。参见程序5-13。

程序5-13

```
pred_mat = model.predict_classes(te_padded)
from sklearn.metrics importaccuracy_score
print (accuracy_score(y_test1, pred_mat))
from sklearn.metrics import f1_score
print (f1_score(y_test1, pred_mat,average='micro'))
print (f1_score(y_test1, pred_mat,average='macro'))


0.9985935302390999
0.9985935302390999
0.9983013632525033
```

由于是仅供演示用的示范性数据集，所以精确度相当高。现在继续使用这个意图，并从网上机器人那里获取下一个响应。

可以使用 fq_qns 数据集来针对正确的意图获得正确的响应。首先，当网上机器人收到一个新的句子时，先要对其进行预处理，接着将它转换为一个序列，并填充至最大长度。然后从 fq_qns 数据集中预测并找出正确的响应。参见程序5-14、程序5-15和图5-14给出的例子。

程序5-14

```
def pred_new_text(txt1):
```

```
print ("customer_text:",txt1)
newdf = pd.DataFrame([txt1])
newdf.columns = ["Line"]
newdf1 = preproc(newdf)
col_te1 = tokenizer.texts_to_sequences(newdf1["line1"])
col_te2 = pad_sequences(col_te1, maxlen=max_len1, dtype='int32',
padding='post')
class_pred = le.inverse_transform(model.predict_classes(col_te2))[0]
resp = fp_qns.loc[fp_qns.cat==class_pred,"sent"].values[0]
print ("Bot Response:",resp,"\n")
return
```

程序5-15

```
pred_new_text("want to report card lost")
pred_new_text("good morning")
pred_new_text("where is atm")
pred_new_text("cancel my card")
```

```
customer_text: want to report card lost
Bot Response: Please contact XXXX-XXXXX for reporting fraud

customer_text: good morning
Bot Response: Hi how can I help you

customer_text: where is atm
Bot Response: Please provide your address

customer_text: cancel my card
Bot Response: Please contact XXXX-XXXXX for cancellation queries
```

图5-14　客户与网上机器人的对话

5.3　生成响应法

前述的方法有一定的局限性，并且是针对业务流程而定制的。需要对意图进行分类，然后将它们与下一个响应进行匹配，这对于所用的方法最后能够成功解决问题很重要。假设这样一种案例情况：你获得了有关客户和服务代理之间大量对话的语料库，你可以直接使用对话语料库来进行问答式的训练，而不是创建一个训练样本来映射意图而后得到响应。一种非常流行的被称为编码器 - 解码器（encoder-decoder）的模型框架通常被用于训练一个对话语料库。

5.3.1 编码器 – 解码器模型框架

编码器 - 解码器模型框架的核心是 LSTM，它将文本序列数据作为输入，并提供序列数据作为输出。基本上，使用一组 LSTM 来对提问的句子进行编码，使用另一组 LSTM 对响应进行解码，其系统结构如图 5-15 所示。

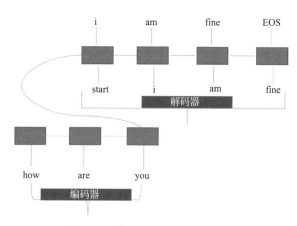

图5-15　编码器-解码器模型框架

每个矩形框代表了一个接收基于序列的输入 LSTM 单元。顾名思义，这种编码器 - 解码器模型框架由编码器和解码器这两个单元组成。

① 编码器（Encoder）。将所提问题的输入数据输入到 LSTM 单元中，并输出一个编码器向量。该编码器向量由隐含向量组成，输出的单元状态的维数等于隐含向量的维数。

② 解码器（Decoder）。使用初始编码器状态进行初始化。首先在解码器输入的起始处和末尾处分别添加句首（start-）和句末（end - of -sentence，即 EOS) 标记，该结构使用了机器学习领域闻名的"强制教学（teacher forcing）"技术。在训练期间，解码器的实际值被输入到 LSTM 中，而不是最后一步的输出。在推理过程中，前一时间步的输出被用来获取解码器的输出。在图 5-15 的结构中，解码器的输入移位了一个时间步，解码器的输出仍为原来的输出。也就是说，解码器在 t 时刻的输出是其在 $t-1$ 时刻的输入。

5.3.2 数据集

作为本次的练习，使用对话数据集 Let's Go 公共汽车数据集。Let's Go 由美国国家科学基金会资助。这个数据集公开的对话系统用于在非高峰时段向匹兹堡市民提供公共汽车时刻表信息。这些数据由用户和语音机器人之间的多轮对话组成。表 5-2 给出了一个示例。

表5-2 Let's Go数据集样本

user_id（用户id）	bot_text（网上机器人文本）	cust_text（用户文本）
2061123000	welcome to the cmu let's go bus information system. to get help at any time, just say help or press zero. what can i do for you?	penn at butler time is it is the centre at highland from runs the 61a eight thirty 61b can't oakland
2061123000	leaving from oakland . is this correct?	oakland
2061123000	leaving from oakland . is this correct?	yes
2061123000	leaving from oakland . is this correct? right. where do you want to go?	squirrel hill of fifth avenue
2061123000	going to fifth avenue . is this correct?	yes
2061123000	going to fifth avenue . is this correct? alright when do you wanna travel?	sunday
2061123000	at what time do you wanna travel?	at five four very about eleven o'clock
2061123000	leaving at 11 a.m. . is this correct?	yes

需要注意的是，由于这个数据集的文本是从语音自动转录而来的，一些客户数据是不连贯的。使用这个对话语料库并希望在客户提出问题时生成下一个响应，为此，使用编码器 - 解码器模型框架。

5.3.3 框架的实现

第一步首先对网上机器人和客户的文本进行预处理，参见程序 5-16。

程序 5-16

```
import pandas as pd
t2 = pd.read_csv("letsgo_op.csv")
```

将网上机器人文本中一些常见的句子进行替换，参见程序 5-17。

程序 5-17

```
string_repl = "welcome to the cmu let's go bus information system. to get
help at any time, just say help or press zero. what can i do for you? i am
an automated spoken dialogue system that can give you schedule information
for bus routes in pittsburgh's east end. you can ask me about the following
buses: 28x, 54c, 56u, 59u, 61a, 61b, 61c, 61d, 61f, 64a, 69a, and 501.
what bus schedule information are you looking for? for example, you can
say,
when is the next 28x from downtown to the airport? ori'd like to go from
mckeesport to homestead tomorrow at 10 a.m."
t2["bot_text"] = t2["bot_text"].str.replace("welcome.*mckeesport to
homestead.*automated spoken dialogue.*","greeting_templ")
t2["trim_bot_txt"] = t2["bot_text"].str.replace('goodbye.*','goodbye')
```

考虑到这些数据是关于公交时刻表的，客户常常会使用公交站点和地名。笔者取了匹兹堡的公交车站的名称，又在名单列表上添加了一些其他称谓，例如 downtown（市中心）、mall（购物中心）、colleges（高等院校）等。可以使用"bus_stops.npz"将一些公交车站名称替换为一些通用名称来帮助泛化，即通用化、一般化。参见程序 5-18。

程序 5-18

```
import numpy as np
bus_sch = np.load("bus_stops.npz",allow_pickle=True)
bus_sch1 = list(bus_sch['arr_0'])
bus_sch1
['freeporroad',
 'springarden',
 'bellevue',
 'shadeland',
 'coraopolis',
 'fairywood',
 'banksville',
 'bowehill',
 'carrick',
```

```
'homesteaparlimited',
'hazelwood',
'nortbraddock',
'lawrenceville-waterfront',
'edgewootowcenter',
'hamilton',
```

现在通过函数 repl_place_bus，用 bus_sch1 列表替换 cust_text 和 bot_text 中的地名，在句子和 bus_sch1 列表中的单词之间则使用 fuzz.ratio 函数。fuzz.ratio 函数使用"编辑距离（levenshtein distance）"算法（即将一个单词更改为另一个单词所需的最少的单字符编辑次数）来计算字符串间的相似性。fuzzywuzzy 是用来进行 fuzz.tatio 计算的软件包。可以使用 pip 命令来安装 fuzzywuzzy 软件包。参见程序 5-19 和程序 5-20。

程序 5-19

```
!pip install fuzzywuzzy
```

程序 5-20

```
from fuzzywuzzy import fuzz
str_list = []
def repl_place_bus(row,req_col):
    ctext = row[req_col]
    fg=0
    str1=ctext
    
    try:
        for j in ctext.split():
            for k in bus_sch1:
                score = fuzz.ratio(j,k )
                if(score>=70):
                    #print (i,j,k)
                    fg=1
                    break;
            #if(fg==1):
                #break;
            if(fg==1):
                fg=0
                str1 = str1.replace(j," place_name ")
    except:
```

```
    print (j,i)
    #str_list.append(str1)
    return str1
```

现在有 7000 多行信息数据，在每一行中，将重复性地遍历句子中的每一个单词，这将大大增加程序的运行时间。为了提高程序的运行速度，可以使用 Python 中的并行函数。通过安装并使用一个名为 joblib 的库，可以在多个进程上同时运行函数。n_jobs 参数提供将要并行运行的进程数。

使用 pip install 指令安装 joblib 程序包，参见程序 5-21 和程序 5-22。

程序 5-21
```
!pip install joblib
```

程序 5-22
```
from joblib import Parallel, delayed
com0 = Parallel(n_jobs=12, backend="threading",verbose=1)(delayed
(repl_place_bus)(row,"cust_text") for i,row in t2.iterrows())
bot_list = Parallel(n_jobs=12, backend="threading",verbose=1)(delayed
(repl_place_bus)(row,"trim_bot_txt") for i,row in t2.iterrows())
t2["corrected_cust"] = com0
t2["corrected_bot"] = bot_list
```

corrected_cust 和 corrected_bot 列包含被替换的句子。现在需要做以下预处理工作：规范线路方向（因为是公交车预订）、规范上午/下午（A.M./P.M.）、用数字代替数字类单词、规范公交车名称（如 8a、11c 等）、时间、替代数字等。参见程序 5-23 和程序 5-24。

程序 5-23
```
direct_list = ['east','west','north','south']
def am_pm_direct_repl(t2,col):
    t2[col] = t2[col].str.replace('p.m','pm')
    t2[col] = t2[col].str.replace('p m','pm')
    t2[col] = t2[col].str.replace('a.m','am')
    t2[col] = t2[col].str.replace('a m','am')
    for i in direct_list:
        t2[col] = t2[col].str.replace(i,' direction ')
    return t2
```

程序 5-24

```
t3 = am_pm_direct_repl(t2,"corrected_cust")
t3 = am_pm_direct_repl(t2,"corrected_bot")
```

使用 num2words 程序包将诸如 one、two、three 等的数字类单词分别转化为如 1、2、3 等的数值型数字。还需要替换英文单词中带有"th"的单词，例如"Fifth Avenue（第五大道）"将被替换为"num_th"。程序 5-25 给出了安装 num2words 程序包的方法，程序 5-26 和程序 5-27 给出了该程序包的用法。

程序 5-25　num2word 程序包的安装

```
!pip install num2words
```

程序 5-26　num2word 程序包的使用

```
from num2words import num2words
word_num_list = []
word_num_th_list = []

for i in range(0,100):
    word_num_list.append(num2words(i))
    word_num_th_list.append(num2words(i,to='ordinal'))

print (word_num_list[0:5])
print (word_num_th_list[0:5])
['zero', 'one', 'two', 'three', 'four']
['zeroth', 'first', 'second', 'third', 'fourth']
```

程序 5-27

```
def repl_num_words(t2,col):
    for num,i in enumerate(word_num_th_list):
        t2[col] = t2[col].str.replace(i,"num_th")
        t2[col] = t2[col].str.replace(word_num_list[num],str(num))
    return t2

t4 = repl_num_words(t3,"corrected_cust")
t4 = repl_num_words(t3,"corrected_bot")
```

程序 5-28 中的代码为使用同样的方法替换公交车和时间的名称的程序。

程序 5-28

```
t4["corrected_cust"] = t4["corrected_cust"].str.replace('[0-9]{1,2}[a-z]
{1,2}','bus_name')
t4["corrected_cust"] = t4["corrected_cust"].str.replace('[0-9]{1,2}
[\.\s]*[0-9]{1,2}[\s]*pm','time_name')
t4["corrected_cust"] = t4["corrected_cust"].str.replace('[0-9]{1,2}
[\.\s]*[0-9]{1,2}[\s]*am','time_name')
t4["corrected_bot"] = t4["corrected_bot"].str.replace('[0-9]{1,2}[a-z]
{1,2}','bus_name')
t4["corrected_bot"] = t4["corrected_bot"].str.replace('[0-9]{1,2}
[\.\s]*[0-9]{0,2}[\s]*pm','time_name')
t4["corrected_bot"] = t4["corrected_bot"].str.replace('[0-9]{1,2}
[\.\s]*[0-9]{0,2}[\s]*am','time_name')
```

接下来，替换特殊字符，并用句子分隔符 sep_sent 来拆分网上机器人对话中的语句，这将有助于对网上机器人对话中的每个句子加以模板化，并在后续的过程中从解码器生成这些模板。参见程序 5-29。

程序 5-29

```
t4["corrected_bot1"] = t4["corrected_bot"].str.replace('\xa0','')
t4["corrected_bot1"] = t4["corrected_bot1"].str.replace('[^a-z0--
9\s\.\?]+','')
t4["corrected_bot1"] = t4["corrected_bot1"].str.replace('[0-9]{1,3}','
short_num ')
t4["corrected_bot1"] = t4["corrected_bot1"].str.replace('[0-9]{4,}','
long_num ')
t4["corrected_bot1"] = t4["corrected_bot1"].str.replace('(\.\s){1,3}','
sep_sent ')
t4["corrected_bot1"] = t4["corrected_bot1"].str.replace('(\.){1,3}','
sep_sent ')
t4["corrected_bot1"] = t4["corrected_bot1"].str.replace('\?',' sep_sent ')
t4["corrected_bot1"] = t4["corrected_bot1"].str.replace('(sep_sent )+','
sep_sent ')
```

为了降低数据的稀疏性，还应对客户对话句子中的特殊字符进行替换。例如，"Is this correct...？（这是正确的……吗？）（……是正确的吗？）"和"Is this correct？（这是正确的吗？）"，单词"correct"在两种情形下是一样的，但不同之处在于：前者后接三个点，后者则没有。当标记字符串时，需要确保这两个单词得到相同的处理。参见程序 5-30。

程序 5-30

```
t4["corrected_cust"] = t4["corrected_cust"].str.replace('(\.\s){1,3}',' ')
t4["corrected_cust"] = t4["corrected_cust"].str.replace('(\.){1,3}',' ')
```

自从有了网上机器人和客户之间的对话语料库，会发现不同的对话之间会有一些重复的句子出现。鉴于客户服务数据本身的特殊性，即便是在人与人的对话中，不同的对话间也会有大量的重复句子，这些重复句子可以被转换为模板。例如，当问起公交车抵达时间时，用来表达或陈述公交车到达时间的方式在数量上及一定范围内是可确定的。这将非常有助于规范数据并获得有实际意义的输出。这些模板将会被映射成模板编号。参见程序 5-31 和图 5-16。

程序 5-31

```
templ = pd.DataFrame(t4["corrected_bot1"].value_counts()).reset_index()
templ.columns = ["sents","count"]
templ.head()
```

	sent（句子）	ind（数量）
0	Welcome to the cmu lets go infomatoin system_sep_sent to get help at any time just say help or press short_num sep_sent what can I do for you sep_sent	315
1	You can say when is the next bus when is the previous bus placename a new query or goodbye	244
2	for example you can say when is thenext busname from placename to the placement or id like to go from placename to placename tomorrow at timename seq_sent	176
3	Welcome to the cmu lets go infomatoin system_sep_sent to get help at any time just say help or press short_num sep_sent what can I do for you sep_sent	175
4	leaving at timename sep_sent did i get that placename	162

图 5-16　对话中的句子和数量

还可以将所有独特的句子列成一个列表。接下来，将列表重新制作为一个数据帧（dataframe），并为每个句子分配一个模板 id。参见程序 5-32 和图 5-17。

程序 5-32

```
df = templ.sents.str.split("sep_sent",expand=True)
sents_all = []
for i in df.columns:
    l1 = list(df[i].unique())
```

```
    sents_all = sents_all + l1
sents_all1 = set(sents_all)
sents_all_df = pd.DataFrame(sents_all1)
sents_all_df.columns = ["sent"]
sents_all_df["ind"] = sents_all_df.index
sents_all_df["ind"] = "templ_" + sents_all_df["ind"].astype('str')
sents_all_df.head()
```

	sent（句子）	ind（索引）
0	did iget that placename alrightwhere are yo…	templ_0
1	did I get that placename alrightwhat is your…	templ_1
2	going to pittsburgh placename	templ_2
3	it will arrive at talbot placement at numth…	templ_3
4	Th next busname leaves hawkins placement a	templ_4

图5-17　对话中的句子和索引

现在可以使用 t4 的原始数据集，并给不同的句子分配模板 id。首先，应按照键（key）和模板 id 的方式利用句子创建一个字典。参见程序 5-33 和程序 5-34。

程序 5-33
```
sent_all_df1 = sents_all_df.loc[:,["sent","ind"]]
df_sents = sent_all_df1.set_index('sent').T.to_dict('list')
```

程序 5-34
```
t4["corrected_bots_sents"] = t4["corrected_bot1"].str.split("sep_sent")

index_list=[]
for i, row in t4.iterrows():
    sent_list = row["corrected_bots_sents"]
    str_index = ""
    for j in sent_list:
        if(len(j)>=3):
            str_index = str_index + " " + str(df_sents[j][0])
    index_list.append(str_index)
t4["bots_templ_list"] = index_list
```

训练集是由一个网上机器人提出问题和一个客户给出回答来得到的，但是对于训练而言,输入将是客户的语句,而网上机器人的响应则是输出。所以应把 corrected_bot1 移位到后面的一个句子,这样,语料库就变成了输入的客户文本和网上机器人给出的正确输出。通过改变 user_id 来标记一段对话的结束。参见程序 5-35 和图 5-18。

程序 5-35

```
t4["u_id_shift"] = t4["user_id"].shift(-1)
t4["corrected_bot1_shift"] = t4["corrected_bot1"].shift(-1)
t4["bots_templ_list_shift"] = t4["bots_templ_list"].shift(-1)

t4.loc[t4.u_id_shift!=t3.user_id,"corrected_bot1_shift"] = "end_of_chat"
t4.loc[t4.u_id_shift!=t3.user_id,"bots_templ_list_shift"] = "end_of_chat"

req_cols = ["user_id","corrected_cust","corrected_bot1_shift",
"bots_templ_list_shift"]
t5 = t4[req_cols]

t5.tail()
```

	user_id	correctd_cust	corrected_bot1_shift	bots_templ_list_shift
7755	2070619029	far	for example you can say placename…	templ_104
7756	2070619029	place_name	going to placename sep_sent did I ge…	templ_1115 temp_270
7757	2070619029	yes	going to placename sep_sent did I ge…	templ_1115 temp_910
7758	2070619029	next bus	i think you placename the next bus se…	templ_774 temp_934
7759	2070619029	yes	end_of_chat	end_of_chat

图5-18 客户与网上机器人的对话

现在将选择字典 df_sent 的输出,以便将模板映射到原来的句子。在编码器中,可以使用 template_ids 进行输出,然后通过使用字典再次映射来打印实际的句子。参见程序 5-36。

程序 5-36

```
import pickle
output = open('dict_templ.pkl', 'wb')

# Pickle dictionary using protocol 0.
pickle.dump(df_sents, output)
```

最后，可以通过输出 t5 来提取编码器 - 解码器模型框架训练过程。参见程序 5-37。

程序 5-37
```
t5.to_csv("lets_go_model_set.csv")
```

5.3.4　编码器－解码器模型框架的训练

使用列 corrected_cust 和 bots_templ_list_shift 分别作为输入和输出，以此来训练编码器 - 解码器模型。对于一个大型模型结构的训练，将使用 Google Colab 和 GPUs 来做这个练习。Colaboratory（右侧二维码中网址 5-3）是谷歌的一个用来帮助传播机器学习的教育与研究项目，这个项目采用 Jupyter notebook 环境，因此无需本地安装设置就可以使用，并可以完全在云端运行。现在可以开启并安装一个 Colab Jupyter notebook。

首先在谷歌云端硬盘（Google Drive）上传数据，然后用程序 5-38 中的代码将数据加载到 Google Colab 中，该操作将所有文件加载到谷歌云端硬盘中。运行代码时，需要通过链接输入授权代码。参见程序 5-38。

程序 5-38
```
from google.colab import drive
drive.mount('/content/drive')
```

此时屏幕上会出现如图 5-19 所示的界面，需要输入链接中所示的授权码。然后参见程序 5-39。

```
Go to this URL in a browser: https://accounts.google.com/o/oauth2/auth?c
Enter your authorization code:
..........
Mounted at /content/drive
```

图5-19　安装文件的授权

程序 5-39
```
import pandas as pd
t1 = pd.read_csv(base_fl_csv)
```

程序 5-40 将在句子中添加开始和结束的标识符。

程序 5-40　开始和结束标识符

```
t1["bots_templ_list_shift"] = 'start ' + t1["bots_templ_list_shift"] + ' end'
```

创建两个分词器，一个用于编码器，另一个用于解码器，参见程序 5-41。

程序 5-41　创建分词器

```
from keras.preprocessing.text import Tokenizer
from keras.preprocessing.sequence import pad_sequences
tokenizer = Tokenizer()
tokenizer1 = Tokenizer()
```

现在，将句子标记为用户文本和网上机器人文本（分别作为编码器输入和解码器输入），并根据语料库中句子的最大长度填充它们。参见程序 5-42 和程序 5-43。

程序 5-42

```
en_col_tr = list(t1["corrected_cust"].str.split())
de_col_tr = list(t1["bots_templ_list_shift"].str.split())

tokenizer.fit_on_texts(en_col_tr)
en_tr1 = tokenizer.texts_to_sequences(en_col_tr)
tokenizer1.fit_on_texts(de_col_tr)
de_tr1 = tokenizer1.texts_to_sequences(de_col_tr)
```

程序 5-43

```
def get_max_len(list1):
    len_list = [len(i) foriin list1]
return max(len_list)

max_len1 = get_max_len(en_tr1)
max_len2 = get_max_len(de_tr1)

en_tr2 = pad_sequences(en_tr1, maxlen=max_len1, dtype='int32', padding='post')
de_tr2 = pad_sequences(de_tr1, maxlen=max_len2, dtype='int32', padding='post')
de_tr2.shape,en_tr2.shape,max_len1,max_len2
((7760, 27), (7760, 28), 28, 27)
```

可以看出，编码器和解码器的输入都是二维的。由于是直接将它们提供给 LSTM（没有嵌入层），所以，需要将它们转换为三维数组。这是通过将单词序列转换为独热编码（即一位有效编码）的形式来实现的。参见程序 5-44 和程序 5-45。

程序 5-44
```
from keras.utils import to_categorical
en_tr3 = to_categorical(en_tr2)
de_tr3 = to_categorical(de_tr2)
en_tr3.shape, de_tr3.shape
((7760, 28, 733), (7760, 27, 1506))
```

程序 5-45
```
from keras.utils import to_categorical
en_tr3 = to_categorical(en_tr2)
de_tr3 = to_categorical(de_tr2)
en_tr3.shape, de_tr3.shape
((7760, 28, 733), (7760, 27, 1506))
```

现在这些数组（阵列）是三维的。且到目前为止只定义了输入，现在必须定义输出。该模型的输出是具有 $t + 1$ 时间步的解码器，目标是：给定最后一个单词后预测下一个单词。参见程序 5-46。

程序 5-46
```
import numpy as np
from scipy.ndimage.interpolation import shift
de_target3 = np.roll(de_tr3, -1,axis=1)
de_target3[:,-1,:]=0
```

程序 5-47 是通过存储解码器和编码器符号的数量来定义模型输入的程序。

程序 5-47
```
num_encoder_tokens = en_tr3.shape[2]
num_decoder_tokens = de_tr3.shape[2]
```

在基于"强制教学"的编码器 - 解码器模型框架中，训练步骤和推理步骤是不同的。该代码来自右侧二维码中网址 5-4 上发布的文章。首先看训练步骤。为编码器输入（用户文本）的每个步骤定义带有 100 个隐含节点的 LSTM，保留最终的单元状态和编码器的隐藏状态，抛弃每个 LSTM 单元的输出。解码器

第 5 章
网址合集

从网上机器人文本中获取输入,并用编码器的输出来初始化状态。由于编码器有 100 个隐含节点,则解码器也要有 100 个隐含节点。解码器在每个单元的输出被传递给一个密集层。利用编码器输入的时间调整延迟,对网络进行训练。该模型是靠 $t-1$ 时刻的编码器值和解码器输入来预测 t 时刻网上机器人文本,参见程序 5-48。

程序 5-48
```
from keras.models import Model
from keras.layers import Input, LSTM, Dense

encoder_inputs = Input(shape=(None, num_encoder_tokens))
encoder = LSTM(100, dropout=.2,return_state=True)
encoder_outputs, state_h, state_c = encoder(encoder_inputs)
# We discard `encoder_outputs` and only keep the states.
encoder_states = [state_h, state_c]

decoder_inputs = Input(shape=(None, num_decoder_tokens))

decoder_lstm = LSTM(100, return_sequences=True, return_state=True,dropout=0.2)
decoder_outputs, _, _ = decoder_lstm(decoder_inputs,initial_state=encoder_states)
decoder_dense = Dense(num_decoder_tokens, activation='softmax')
decoder_outputs = decoder_dense(decoder_outputs)

# Define the model that will turn
# `encoder_input_data` & `decoder_input_data` into `decoder_target_data`
model = Model([encoder_inputs, decoder_inputs], decoder_outputs)
```

现在来看模型推断的相关设置。

5.3.5　编码器输出

首先,应准备一个用于接收编码器状态的网络层。该层的这些节点将是解码器的初始状态。

5.3.6　解码器输入

当模型运行时,解码器的输入是未知的。因此必须使用该结构每次预测出一个单词,并用这个词来预测下一个单词。模型的解码部分采用解码器(延时输入)。对于第一个单词,使用编码器状态来初始化解码器模型。decoder_lstm 层是通过解码器输入和初始化的编码器状态来被调用的，该层提供了两组输出：单元的输出集 (decoder_output) 与 cell_state 和 hidden_state 的最终输出。decoder_output 被传递到密集层以获得网上机器人文本的最终预测结果。解码器状态的输出被用于下一轮运行（即下一个单词预测）状态的更新。bot_text 被附加到解码器输入，然后重复上述过程。参见程序 5-49。

程序 5-49

```
encoder_model = Model(encoder_inputs, encoder_states)

decoder_state_input_h = Input(shape=(100,))
decoder_state_input_c = Input(shape=(100,))
decoder_states_inputs = [decoder_state_input_h, decoder_state_input_c]
decoder_outputs, state_h, state_c = decoder_lstm(
    decoder_inputs, initial_state=decoder_states_inputs)
decoder_states = [state_h, state_c]
decoder_outputs = decoder_dense(decoder_outputs)
decoder_model = Model(
    [decoder_inputs] + decoder_states_inputs,
    [decoder_outputs] + decoder_states)
```

为进行该模型的训练和推断，现在必须设置它所需的网络层。用程序 5-50 可以训练该模型。

程序 5-50

```
from keras.callbacks import EarlyStopping
from keras.callbacks import ModelCheckpoint
from keras.optimizers import Adam

model.compile(optimizer='rmsprop', loss='categorical_crossentropy')
model.fit([en_tr3, de_tr3], de_target3,
    batch_size=30,
    epochs=30,
    validation_split=0.2)
```

模型训练完毕后，保存模型并准备测试，相关程序此时将使用 root_dir 文件夹。参见程序 5-51。

程序 5-51

```
from tensorflow.keras.models import save_model
```

```
dest_folder = root_dir + '/collab_models/'
encoder_model.save( dest_folder + 'enc_model_collab_211_redo1')
decoder_model.save( dest_folder + 'dec_model_collab_211_redo1')
import pickle
dest_folder = root_dir + '/collab_models/'
output = open(dest_folder + 'tokenizer_en_redo.pkl', 'wb')

# Pickle dictionary using protocol 0.
pickle.dump(tokenizer, output)

dest_folder = root_dir + '/collab_models/'
output1 = open(dest_folder + 'tokenizer_de_redo.pkl', 'wb')
pickle.dump(tokenizer1, output1)
```

新建一个 Jupyter notebook 文件,并写下推断部分的执行程序,这段代码在本地编写,可从 Google Colab 获取文件。该程序代码由三部分组成:经过预处理的文本(替换适当的单词和正则表达式)、将文本转换为所需的数组格式以及模型推理。

一旦调通了该模型程序,就可以每次运行一个单词的推理代码。初始单词被初始化为带有"start"标记的词。请注意,解码器的状态被位于代码块尾部的下一个单词重新初始化。

首先,将所有已保存的模型全都导入到一个新的项目中。参见程序 5-52。

程序 5-52

```
import pandas as pd
from keras.models import Model
from tensorflow.keras.models import load_model
```

然后,加载编码器和解码器的模型。参见程序 5-53。

程序 5-53

```
encoder_model = load_model(dest_folder + 'enc_model_collab_211_redo1')
decoder_model = load_model(dest_folder +'dec_model_collab_211_redo1')
```

加载编码器和解码器分词器,以及用于将模板转换为句子的字典文件。使用相关的 dest_folder,它是从 Google Colab 下载模型文件的地方。参见程序 5-54。

程序 5-54

```
import pickle
```

```
import numpy as np
pkl_file = open(dest_folder + 'tokenizer_en_redo_1.pkl', 'rb')

tokenizer = pickle.load(pkl_file)

pkl_file = open(dest_folder + 'tokenizer_de_redo.pkl', 'rb')

tokenizer1 = pickle.load(pkl_file)

pkl_file = open( 'dict_templ.pkl', 'rb')

df_sents = pickle.load(pkl_file)

bus_sch = np.load("bus_stops.npz",allow_pickle=True) #make sure you use
the .npz!
bus_sch1 = list(bus_sch['arr_0'])
```

5.3.7 预处理

程序 5-55 突出显示了预处理步骤。在训练模型时要重复遵循替换过程，即：替换地名、方向、编号名称、公交车名称、时间和特殊字符这一重复程序操作的过程。将这些操作应用到用户文本的句子中，然后再输入到模型中。参见程序 5-56。

程序 5-55

```
from fuzzywuzzy import fuzz
def repl_place_bus(ctext):
    #for i,row in t2.iterrows():
    #ctext = row[req_col]
    fg=0
    str1=ctext
    
    for j in ctext.split():
      #print (j)
      for k in bus_sch1:
          score = fuzz.ratio(j,k )
          if(score>=70):
              #print (i,j,k)
              fg=1
              break;
    #if(fg==1):
        #break;
```

```python
        if(fg==1):
            fg=0
            str1 = str1.replace(j," place_name ")
    return str1
```

程序 5-56

```python
direct_list = ['east','west','north','south']
def am_pm_direct_repl(ctext):
    ctext = re.sub('p.m','pm',ctext)
    ctext = re.sub('p m','pm',ctext)
    ctext = re.sub('a.m','am',ctext)
    ctext = re.sub('a m','am',ctext)

    for i in direct_list:
        ctext = re.sub(i,' direction ',ctext)

    return ctext

from num2words import num2words
word_num_list = []
word_num_th_list = []
for i in range(0,100):
    word_num_list.append(num2words(i))
    word_num_th_list.append(num2words(i,to='ordinal'))

def repl_num_words(ctext):
    for num,i in enumerate(word_num_th_list):
        ctext = re.sub(i,"num_th",ctext)
        ctext = re.sub(word_num_list[num],str(num),ctext)
    return ctext

def preprocces(ctext):
    ctext = ctext.lower()
    ctext1 = repl_place_bus(ctext)
    ctext1 = am_pm_direct_repl(ctext1)
    ctext1 = repl_num_words(ctext1)

    ctext1 = re.sub('[0-9]{1,2}[a-z]{1,2}','bus_name',ctext1)
    ctext1 = re.sub('[0-9]{1,2}[\.\s]*[0-9]{1,2}[\s]*pm','time_name',ctext1)
    ctext1 = re.sub('[0-9]{1,2}[\.\s]*[0-9]{1,2}[\s]*am','time_name',ctext1)
```

```
    ctext1 =re.sub('(\.\s){1,3}',' ',ctext1)
    ctext1 =re.sub('(\.){1,3}',' ',ctext1)

    return ctext1
```

现在可以使用程序 5-57 对预处理进行测试。

程序 5-57

```
sent = "when is the next bus to crafton boulevard 9 00 P.M east. . 85c"
preprocces(sent)
'when is the next bus to craftonplace_nametime_name direction bus_name'
```

这个句子似乎已按原本意图被预处理了。现在，可以将预处理后的文本转换为训练期间用分词器对象定义的正确的数字数组。还可以利用训练过程的值设置填充长度和独热编码形式的分类数。参见程序 5-58 和保持程序 5-59。

程序 5-58

```
max_len1 = 28
num_encoder_tokens =733
num_decoder_tokens = 1506
```

程序 5-59

```
def conv_sent(sent,shp):
    sent = preprocces(sent)
    #print (sent)
    en_col_tr = [sent.split()]

    en_tr1= tokenizer.texts_to_sequences(en_col_tr )

    en_tr2 = pad_sequences(en_tr1, maxlen=max_len1, dtype='int32',padding='post')
    en_tr3 = to_categorical(en_tr2,num_classes =shp)

    return en_tr3
```

可以使用预处理测试后的句子来检验数据的表达格式是否如预期所想，即以"行，序列长度，独热编码"的形式表达数据的格式。参见程序 5-60。

程序 5-60

```
sent1 = 'when is the next bus to craftonplace_nametime_name direction bus_name'
sent1_conv = conv_sent(sent1,num_encoder_tokens)
sent1_conv.shape
(1, 28, 733)
```

现在将模型应用到转换后的句子。如前所述,第一个单词将初始化为 start 标记,解码器的状态将初始化为编码器的状态。这样,就能得到下一个单词。现在,用下一个单词和这个单词的状态作为输入集,由此得到 t+1 时刻的单词。重复该过程,直到抵达 end 标记为止。请记住,训练的是网上机器人语句模板,而不是实际的句子,因此,得到的输出是模板 id。然后,需用程序 5-61 将模板 id 转换为所需的单词。

程序 5-61

```
def rev_dict(req_word):
    str1=""
    for k,v in df_sents.items():
        if(df_sents[k]==[req_word]):
            str1 = k
    return str1
from keras.preprocessing.sequence import pad_sequences
from keras.utils import to_categorical
import numpy as np

def get_op(text1,shp):
    st_pos = 0
    input_seq = conv_sent(text1, shp)
    
    states_value = encoder_model.predict(input_seq)
    target_seq = np.zeros((1, 1, num_decoder_tokens))
    str_all = ""
    # Populate the first word of target sequence with the start word.
    target_seq[0, 0, st_pos] = 1
    for i in range(0,10):
        decoded_sentence = ''
        output_tokens, h, c = decoder_model.predict([target_seq] + states_value)
        sampled_token_index = np.argmax(output_tokens[0, -1, :])
```

```
            sampled_char = tokenizer1.sequences_to_texts([[sampled_token_
index]])
        str1 = rev_dict(sampled_char[0])
        str_all = str_all + "\n" + str1

        if(sampled_char[0]=='end'):
            break;
        else:
            decoded_sentence += sampled_char[0]
            target_seq = np.zeros((1, 1, num_decoder_tokens))
            target_seq[0, 0, sampled_token_index] = 1.
            ####initializing state values
            states_value = [h, c]

    return str_all
```

也可以在此处用这个方法检查输出。参见程序 5-62～程序 5-64。

程序 5-62
```
text1 = "54c"
get_op(text1,num_encoder_tokens)
```

'\n placename going to placename transportation center \n short_numshort_num n short_num where are you leaving from \n'

程序 5-63
```
text1 = "next bus to boulevard"
get_op(text1,shp)
```

'\n did i get that placename okay where would you like to leave from \n if you placename to leave from placename and bausman say yes or press short_num otherwise say no or press short_num \n'

程序 5-64
```
text1 = "Do you have bus to downtown in the morning"
get_op(text1,shp)
```

'\n when would you like to travel \n'

可以按照下面的做法来进一步改进模型的响应：

① 需要使用合适的地名来代替回复，并给出一个更有实际意义的答复。

② 已经在单输入情形下进行模型训练，而对于一个对话而言，还需要通过训练前 n-1 个问答对话来获取下一个响应。

③ 有些文本不准确。如果能将它们剔除，并使用更纯正的语料库来训练模型，则效果会更好。

④ 可以使用嵌入向量（预训练或在建模期间训练）作为 LSTM 的输入。

⑤ 可以使用诸如学习率（learning rates）或者学习算法之类的超参数调整（tuning hyperparameters）方法。

⑥ 可以使用多层 LSTM（第一组 LSTM 为第二组 LSTM 提供输入）。

⑦ 可以使用双向 LSTM，后面将讲到一个双向 LSTM 的例子。

⑧ 还可以使用诸如 BERT 之类的更高级的神经网络结构。

5.3.8　双向 LSTM

请看句子: she was playing tennis（她在打网球）。"play（打、玩）"这个词的语境比"tennis（网球）"更为明显。为了在给定的语境中找到单词，不仅是前面的单词（过去的单词），在感兴趣的单词（将来的单词）之前的单词也很重要。所以可用一个前向序列（即正向序列）和一个后向序列（即反向序列）来训练模型。这里有一个来自左侧二维码中网址 5-5 的模型结构，所有 LSTM 的输出都可以被串接或求和。参见图 5-20。

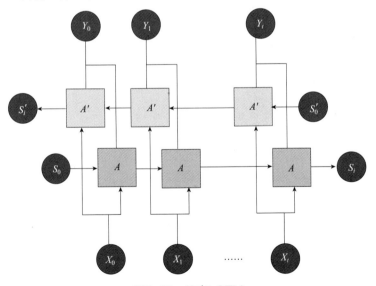

图5-20　双向LSTM

现在来看一个使用双向 LSTM 解决当前问题的小例子。其中，输出被连接至解码器。

5.3.8.1 编码器

双向 LSTM 有前向和后向隐含状态的额外输出（forward_h、forward_c、backward_h 和 backward_c），它们被连接起来（隐含状态在一起，单元状态在一起）以获得最终的编码器状态。

5.3.8.2 解码器

解码器有一个与前述情况相同的单向 LSTM。然而，隐含单元的数量等于编码器的双向 LSTM 的串联隐含单元数。如程序 5-65 所示，编码器的 LSTM 各自拥有 100 个单元，而解码器则有 200 个单元。

程序 5-65

```
from keras.layers import LSTM,Bidirectional,Input,Concatenate
from keras.models import Model
from keras.models import Model
from keras.layers import Input, LSTM, Dense

n_units = 100
n_input = num_encoder_tokens
n_output = num_decoder_tokens

# encoder
encoder_inputs = Input(shape=(None, n_input))
encoder = Bidirectional(LSTM(n_units, return_state=True))
encoder_outputs, forward_h, forward_c, backward_h, backward_c = encoder(encoder_inputs)
state_h = Concatenate()([forward_h, backward_h])
state_c = Concatenate()([forward_c, backward_c])
encoder_states = [state_h, state_c]

# decoder
decoder_inputs = Input(shape=(None, n_output))
decoder_lstm = LSTM(n_units*2, return_sequences=True, return_state=True)
decoder_outputs, _, _ = decoder_lstm(decoder_inputs, initial_state=encoder_states)
decoder_dense = Dense(n_output, activation='softmax')
decoder_outputs = decoder_dense(decoder_outputs)
model = Model([encoder_inputs, decoder_inputs], decoder_outputs)
```

```
# define inference encoder
encoder_model = Model(encoder_inputs, encoder_states)
# define inference decoder
decoder_state_input_h = Input(shape=(n_units*2,))
decoder_state_input_c = Input(shape=(n_units*2,))
decoder_states_inputs = [decoder_state_input_h, decoder_state_input_c]
decoder_outputs, state_h, state_c = decoder_lstm(decoder_inputs, initial_
state=decoder_states_inputs)
decoder_states = [state_h, state_c]
decoder_outputs = decoder_dense(decoder_outputs)
decoder_model = Model([decoder_inputs] + decoder_states_inputs, [decoder_
outputs] + decoder_states)
```

编码器-解码器模型框架是用于解决序列到序列问题（sequence-to-sequence problems）的常用方法之一。

5.4 BERT（基于转换器的双向编码表征）

BERT（bidirectional encoder representations from transformers）的中文称谓为"基于转换器的双向编码表征"，它是 NLP 领域中的新范式。它在"序列到序列（sequence-to-sequence）"建模任务以及分类器中得到了广泛的应用。BERT 是一个预训练模型（pretrained model，也记为 pre-training model）。它由谷歌于 2018 年发布，自此，它凭借在各种 NLP 挑战性问题中的出色表现而为大家所称道。与此同时，BERT 的商业用途也借此机会迎头赶上。许多组织机构正在使用基于 BERT 模型的方法来微调他们自己特定 NLP 问题中的特定上下文类案例。

5.4.1 语言模型和微调

恰如图像处理领域中 imagenet 图像数据集横空出世的机遇，BERT 的出现则可称为自然语言处理领域发展的转折点。在文本挖掘问题中，我们总是受制于训练数据集，再加上语言的复杂性，不同单词有着相似的含义，同一单词在不同语境中的用法不同，同一句子中混杂使用不同语言的单词等。为了解决这些问题（数据的稀疏性和语言的复杂性），在过去几年中，有两个概念在 ML 和 NLP 等领域逐渐兴盛起来，即语言模型（language model）和微调（fine tuning）。

语言模型非常有用，它们捕获语言的语义。在上一章中学习了Word2Vec，当时是使用预训练模型来捕获单词的含义的。BERT也是一个功能强大的语言模型，该模型根据所处语境来获取单词的语义，举个简单的例子，BERT可以在"She went to the bank to deposit money（她去银行存钱）"和"Coconuts grow well in the river bank where the soil is rich（椰子树在土壤肥沃的河岸长得很好）"两句中区分单词"bank"的不同含义。BERT帮助我们根据上下文来消除单词"bank"的歧义性。请注意，在Word2Vec模型中，它们及其词义是无法被区分开的。

微调方法被应用于图像分类任务已有一段时间了，而在NLP领域则是近两年才开始使用。基本上，一个拥有大量文本数据的大型语料库都是用包含数百万样本的训练数据集对神经网络进行预训练的，这种经过训练的神经网络及其权重都是开源的，NLP研究者现在可以使用这个预训练的模型来完成下游工作任务，即他们自己的那部分任务，如在特定语境中的分类、总结等。他们也可以使用新数据重新训练他们自己特定应用背景下的模型，且可利用预训练模型的权重对模型进行初始化。BERT是一种预训练的语言模型，并可用于下游NLP任务的微调。来看一个使用BERT将信用卡公司的数据集分类为多个意图的示例。

5.4.2　BERT概述

BERT结构一开始即是建立在变换器（transformers）基础上的，BERT也是双向的。一个单词从其所在的句子中从位于其前后的单词获取语境（即上下文）。在继续学习之前，需要首先了解变换器。在句子"the animal didn't cross the road because it was afraid（因为害怕，动物没有跨过这条路）"中，单词"it"指的是动物（animal）。而在句子"the animal didn't cross the road because it was narrow（因为狭窄，动物没有跨过这条路）"这句话中，单词"it"则指的是道路（road）。这个例子取自右侧二维码中网址5-6。对于多义词而言，位于其周围的词决定了该单词（即该多义词）在具体语言环境中的确切含义。这便引出了注意力（attention）的概念，该概念也是变换器（transformer）的核心。下面，来看一看变换器的结构。该变换器的结构原理出自右侧二维码中网址5-7上发表的论文"Attention is all you need"（中译文

第5章
网址合集

章题目为"注意力是你所需的一切")。图 5-21 给出了包含一套编码器 - 解码器的变换器结构。在这篇学术论文中,作者给出了六套编码器 - 解码器的结构。

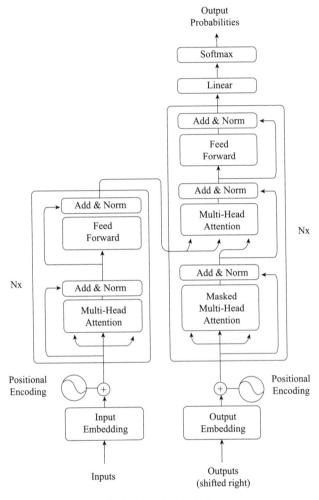

图5-21　变换器结构

对于 BERT,仅详细讨论其编码器的部分,因为 BERT 只使用变换器的编码器部分。变换器的编码器部分中最重要的组成部分是多头注意力(multi-head attention)机制模块。要了解多头注意力,必须先从了解自我注意力(self-attention)开始。自我注意力是关于句子中不同的单词之间彼此如何互相影响的一种机制。图 5-22 来自文章 *Breaking BERT Down*(中译题目为"打破 BERT!"),该文章发表在左侧二维码中网址 5-8 中,它阐明了一种理解自我注意力的内在机制的简单方法。首先，需要知道三个重要的向量。对于每个单词，在训练过程中都要计算下面这三个向量：

① 查询向量（Query vector）

② 键向量（Key vector）

③ 值向量（Value vector）

为了计算这些向量，需要初始化 W^Q、W^K、W^V 这三个权值矩阵，这些权值矩阵的维数是嵌入向量的维数（假定为512）和查询向量、键向量和值向量的维数（例如64）的乘积。例如，在上述假定各维数分别为512、64的情形下，权值矩阵的维数则为 512×64。参见图5-22。

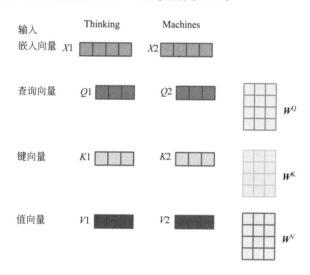

图5-22　查询向量、键向量和值向量

在如图5-22所示的情形中，对于"Thinking（思考）"这个单词，通过将"Thinking"的嵌入向量与 W^Q 相乘得到向量 $Q1$。类似，将其嵌入向量分别与 W^K、W^V 相乘则可以得到向量 $K1$、$V1$。依此类推，对于单词"Machines（机器）"，用该单词的嵌入向量可以重复与上述同样的步骤。假设有一个句子"Thinking machines are good.（思维机器好）"，表5-3给出了乘法操作和进一步计算的步骤。该示例取自于右侧二维码网址5-9上发表的文章。

① 将当前单词的查询向量与其他单词的所有键向量相乘，再除以查询向量的维数的平方根（64的平方根为8）。

第5章
网址合集

表5-3 查询向量和键向量的点积

单词	查询向量（Q）	键向量（K）	值向量（V）	$Q \cdot K$
Thinking	$Q1$	$K1$	$V1$	（$Q1 \cdot K1$）/8
Machines	—	$K2$	$V2$	（$Q1 \cdot K2$）/8
Are	—	$K3$	$V3$	（$Q1 \cdot K3$）/8
Good	—	$K4$	$V4$	（$Q1 \cdot K4$）/8

② 计算每个词组的 Softmax 函数值[1]，并将其与值向量相乘。参见表5-4。

表5-4 查询向量与键向量乘积的Softmax值及其与值向量的乘积

单词	查询向量（Q）	键向量（K）	值向量（V）	$Q \cdot K$	Softmax	Softmax·Val
Thinking	$Q1$	$K1$	$V1$	（$Q1 \cdot K1$）/8	$S11$	$S11 \cdot V1$
Machines	—	$K2$	$V2$	（$Q1 \cdot K2$）/8	$S12$	$S12 \cdot V2$
Are	—	$K3$	$V3$	（$Q1 \cdot K3$）/8	$S13$	$S13 \cdot V3$
Good	—	$K4$	$V4$	（$Q1 \cdot K4$）/8	$S14$	$S14 \cdot V4$

③ 对所有向量求和以得到给定单词的一个向量表示，并进一步将该向量放入一个 Z 矩阵中。对其他单词重复此过程。参见表5-5。

表5-5 对向量求和

单词	查询向量（Q）	键向量（K）	值向量（V）	$Q \cdot K$	Softmax	Softmax·Val	求和
Thinking	$Q1$	$K1$	$V1$	（$Q1 \cdot K1$）/8	$S11$	$S11 \cdot V1$	$Z1 = S11 \cdot V1 + ...S14 \cdot V4$
Machines	—	$K2$	$V2$	（$Q1 \cdot K2$）/8	$S12$	$S12 \cdot V2$	—
Are	—	$K3$	$V3$	（$Q1 \cdot K3$）/8	$S13$	$S13 \cdot V3$	—
Good	—	$K4$	$V4$	（$Q1 \cdot K4$）/8	$S14$	$S14 \cdot V4$	—

这里的 $Z1$ 是长度为 64 的向量。同样，所有的单词都可以获得一个长度为 64 的向量。当前这个例子是以"单头注意力（single-head attention）"为例的。在多头

---

[1] Softmax 函数的含义就在于不再唯一地确定某一个最大值，而是为每个输出分类的结果都赋予一个概率值，表示属于每个类别的可能性。与其相对的函数 hardmax 的最大的特点就是只选出其中一个最大的值，即非黑即白。——译者注

注意力的情形下，需要为每个单词的嵌入向量初始化多组 Q、K、V 矩阵（通过初始化多组 WQ、WK、WV）。如图 5-23 中给出的简要说明所示。

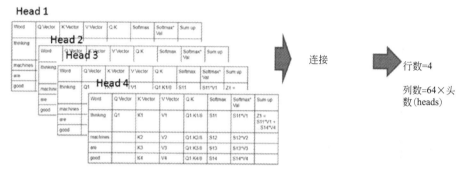

图5-23　多头注意力

已获得多个 Z 输出（假设有 4 个 attention head），进而，每个注意力头（attention head）都有一个 $4×64$ 的矩阵，它们被互相连接在一起，行数为 4（即该句子只有 4 个单词），列数则为 Q、K、V 向量的维数，显然，其维数为 64 乘以头数（在当前示例的情况中头数为 4）。进一步地，将该矩阵与权值矩阵相乘以生成该层的输出。对于当前所举例子的这种情况下，变换器的输出是单词的数目乘以 64。

图 5-24 给出了最初 BERT 原始结构两个不同的表达形式。

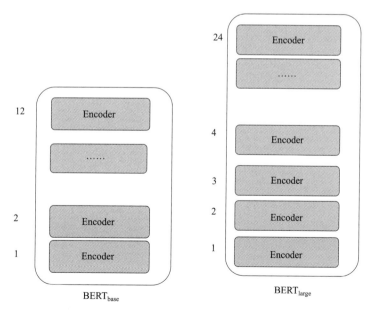

图5-24　基本BERT结构（$BERT_{base}$）和大型BERT结构（$BERT_{large}$）

每个编码器都是一个变换器。输入单词被转换为单词的嵌入向量形式，并使用前述的注意力机制，输出 Vocab·隐含状态（嵌入向量的数量）。然后将其转发给分类器。在对数据进行预训练时，输入句子中含有被"屏蔽（masked）"的单词，分类器则通过训练来识别被屏蔽的单词。BERT 基本结构有 12 层（变换器/编码器块）、12 个注意力头和 768 个隐含单元，而大型 BERT 则有 24 层（变换器/编码器块）、16 个注意力头和 1024 个隐含单元。

5.4.3 微调 BERT 以构建分类器

现在为用例分类器重新训练基本 BERT。为此，必须相应地将数据转换为特定的 BERT 格式，需要基于 BERT 词汇表对单词进行标记。同时还需要有位置标记和句子的分段标记。位置标记表示单词的位置，而分段标记则表示句子的位置。这些层构成 BERT 的输入，然后在多类分类的情形下，在最后几层中使用损失函数对多类分类情况进行微调。图 5-25 给出了一个输入示例。

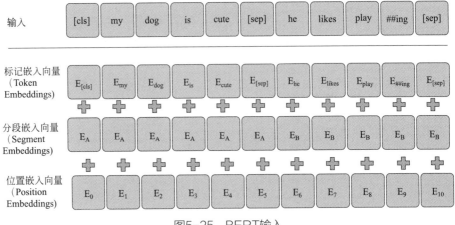

图5-25　BERT输入

现在，使用一个库名为 ktrain 的软件包（参见左侧二维码中网址 5-10 上发表的文章 *ktrain: A Low-Code Library for Augmented Machine Learning*，该文中译标题名为"Ktrain：一个面向增强机器学习的低代码库"）微调 BERT 模型，以解决信用卡数据集的问题。首先需要将信用卡数据集 (dataframe t1) 划分为训练数据集和测试数据集。也将使用 Google Collab 进行相同的操作。程序 5-66 安装了使用 ktrain 来运行 BERT 所需的软件包。也请参见程序 5-67。

程序 5-66
```
!pip install tensorflow-gpu==2.0.0
!pip install ktrain
```

程序 5-67
```
tgt = t1["Final intent"]

from sklearn.model_selection import StratifiedShuffleSplit
sss = StratifiedShuffleSplit(test_size=0.1,random_state=42,n_splits=1)

for train_index, test_index in sss.split(t1, tgt):
x_train, x_test = t1[t1.index.isin(train_index)], t1[t1.index.isin(test_index)]
y_train, y_test = t1.loc[t1.index.isin(train_index),"Final intent"], t1.loc[t1.index.isin(test_index),"Final intent"]
```

程序 5-68 给出了将因变量转换为列表形式的程序。

程序 5-68
```
y_train1 = y_train.values.tolist()
y_test1 = y_test.values.tolist()
```

该数据集在程序 5-69 中被相应地转换为 BERT 特定格式。此段程序代码引自右侧二维码中网址 5-11。

第 5 章
网址合集

程序 5-69
```
from ktrain import text
import numpy as np
(x_train2, y_train2), (x_test2, y_test2), preproc = text.texts_from_array(x_train=np.array(x_train["Line"]), y_train=y_train1,
        x_test=np.array(x_test["Line"]), y_test=y_test1,
        class_names=class1,
        preprocess_mode='bert',
        ngram_range=1,
        maxlen=350)
```

使用 BERT 标记化功能来标记数据，并为其分配给定序列长度下的序数。使用 preproc = "BERT" 这一参数项来给出需要保持的格式。句子也被划分为不同的段，并提供段 id。参见程序 5-70 和图 5-26。

程序 5-70

```
x_train[0].shape,x_train[1].shape
((500, 350), (500, 350))
x_train[0][1]
```

```
array([ 101, 1045, 2572, 5307, 3314, 2007, 2026, 4923, 4003,  102,    0,
          0,    0,    0,    0,    0,    0,    0,    0,    0,    0,    0,
          0,    0,    0,    0,    0,    0,    0,    0,    0,    0,    0,
          0,    0,    0,    0,    0,    0,    0,    0,    0,    0,    0,
          0,    0,    0,    0,    0,    0,    0,    0,    0,    0,    0,
          0,    0,    0,    0,    0,    0,    0,    0,    0,    0,    0,
          0,    0,    0,    0,    0,    0,    0,    0,    0,    0,    0,
          0,    0,    0,    0,    0,    0,    0,    0,    0,    0,    0,
          0,    0,    0,    0,    0,    0,    0,    0,    0,    0,    0,
          0,    0,    0,    0,    0,    0,    0,    0,    0,    0,    0,
          0,    0,    0,    0,    0,    0,    0,    0,    0,    0,    0,
          0,    0,    0,    0,    0,    0,    0,    0,    0,    0,    0,
          0,    0,    0,    0,    0,    0,    0,    0,    0,    0,    0,
          0,    0,    0,    0,    0,    0,    0,    0,    0,    0,    0,
          0,    0,    0,    0,    0,    0,    0,    0,    0,    0,
```

图5-26　给定序列长度下的序数

从这里开始，模型中有 3 行代码。将 "bert" 作为参数传递给 "text_classifier"，以便对 BERT 模型进行微调。预处理参数自动生成 "BERT" 所需的格式。此例中，使用了一个推荐使用的学习率 "2e-5"。参见程序 5-71 和图 5-27。

程序 5-71

```
model = text.text_classifier('bert', train_data=(x_train, y_train),preproc=preproc)
learner = ktrain.get_learner(model, train_data=(x_train, y_train),batch_size=6)
hist = learner.fit_onecycle(2e-5, 2)
```

```
begin training using onecycle policy with max lr of 2e-05...
Train on 500 samples
Epoch 1/2
500/500 [==============================] - 2078s 4s/sample - loss: 0.4629 - accuracy: 0.8240
Epoch 2/2
500/500 [==============================] - 2054s 4s/sample - loss: 0.0303 - accuracy: 0.9960
```

图5-27　开始训练

如图 5-27 所示，训练精度为 99.6%。如程序 5-72 中所示，作为应用，用该模型执行了一个简单的例句。

程序 5-72

```
predictor = ktrain.get_predictor(learner.model, preproc)
predictor.predict(['waive my annual fee'])
['Annual Fee Reversal']
```

5.5 构建网上对话机器人的更多细微差别

5.5.1 单轮对话和多轮对话的比较

图 5-28 给出了单轮对话的示例。单轮对话机器人在许多组织机构业务中都得到了成功的应用。如图 5-28 中，这是一个问/答（即一问一答的问答对儿）形式的对话。如果能正确理解客户的意图，就能得到正确的回应。

客户（Customer）	What is my balance（我的账户余额是多少）
机器人（Bot）	Your account balance as of 3rd May is $×××.（截至5月3日您的账户余额为……）
客户（Customer）	Where can I find the nearest ATM.（最近的ATM机在哪儿）
机器人（Bot）	Checking from your current location, your nearest ATMs are listed in this link.（正在查看您当前的位置，您附近最近的ATM机已在这个链接中列出）

图5-28 单轮对话

然而，在多轮对话中有多个问答对儿。网上机器人需要理解用户的"意图"和更多的实体级元数据。例如，对于餐厅预订，网上机器人需要知道这是一个与预订相关的问题（意图），包括地点、菜肴、人数、用户（实体）的首选时间，这些信息需要事先被收集好，然后网上机器人才能继续解决问题。用户有时可能会在陈述问题时简单地说（"我想订一张桌子"）或只提供部分信息（"我想在 XYZ 餐厅订一张四人餐"）。网上机器人可能需要理解一组实体值，而用户可能只陈述了这组实体值的一部分。然后网上机器人识别遗漏乃至缺失的信息并收集这些信息。参见图 5-29。

机器人（Bot）	How can I help you?（您需要什么？）
客户（Customer）	Want to book a table for 2.（我想订一张两人桌。）
机器人（Bot）	Sure.which location are you looking at?（可以，您看中了哪个位置？）
客户（Customer）	I stay in east of avenue street and hence looking for places close by（我在大道街东面，想找个近一点的地方。）
机器人（Bot）	Which cuisine would you prefer?（您喜欢什么菜肴？）
客户（Customer）	Fine Dine Indian Restaurant.（最好是家印度菜馆。）
机器人（Bot）	Great to know that. I can book table for two at Punjabi Frill at 8PM this evening.（了解了。我可以在Punjabi Frill订一张今晚八点的两人桌。）
客户（Customer）	Perfect（很好。）
机器人（Bot）	Have a great day. It's a pleasure to serve you.（祝您用餐愉快，很高兴为您服务。）

图5-29　多轮对话

在图 5-29 的例子中，如果用户说"Want to book a table for 2 at east of avenue street（想在 avenue street 东面订一张两人桌）"，那么机器人应该足够"聪明"，则跳过位置询问，而开始询问菜肴口味。如果已提供了所有资料，则应该直接进行预订。这是通过在意图中为不同的实体保留"插槽"，并在对话进行时更新插槽来实现的。如果该插槽已被填满，那么与之相对应的问题则将被跳过。

有时在对话中，用户还可能不回答问题而更改意图，或返回并更正之前问题的答案。图 5-30 给出了一个示例。

机器人（Bot）	How can I help you?（您需要什么？）
客户（Customer）	Want to book a table for 2.（我想订一张两人桌。）
机器人（Bot）	Sure.which location are you looking at?（可以，您想要什么位置？）
客户（Customer）	I stay in east of avenue street and hence looking for places close by（我在大道街东面，想找个近一点的地方。）
机器人（Bot）	Which cuisine would you prefer?（您喜欢什么菜肴？）
客户（Customer）	**I think i want to change the location.（我想换个地方。）**
机器人（Bot）	I see there is a change of location.(已了解到您的位置更改需求。)
客户（Customer）	Yes.(好的）
机器人（Bot）	Which location would you prefer?(您想要什么样的地点？)
客户（Customer）	**I have some change of plans.Will call later.（我的计划有变，稍后和你联系。）**
机器人（Bot）	Thanks.Have a grat day.(谢谢，祝您度过愉快的一天。)

图5-30　意图转变

图 5-30 中加黑加粗的句子表示用户更改了意图或提供了无效应答。网上机器人的"工作流"应该足够智能，足以更改这些响应。这也可以通过使用编码器 - 解码器模型框架来实现，在这种结构中，可以训练大量成对的问答响应来实现。

5.5.2　多语言网上机器人

对话代理的一个令人向往和富有挑战性的领域是面向多种语言的网上机器人技术。鉴于说英语的人口仅占世界人口的 20%，网上机器人需要适应多种语言。这是一个挑战性难题，因为在多种语言自然语言处理（multilingual NLP）方面的研究工作进展仍然非常缓慢。然而，解决有关本国语言乃至方言网上机器人的关键技术问题是自然语言网上机器人在全球获得成功的关键。

人机交互技术产品与应用是人们长久以来热切盼望的实际需求。我们看到，近几年来该领域已取得了一些具有标志性成果的显著成就，我们已不再满足或者沉迷于一个会说话的或能够回答问题的机器的程度。不久的将来，我们甚至分辨不出和我们正在交谈的是不是一台机器，同时也会令我们如同看待其他任何日常生活中与我们共存共生的事物一样去"习以为常"地对待它。

表 5-6 列出了本章中所用到的程序包。

表 5-6　第 5 章中使用的程序包

程序包名称	版本
absl_py	0.701
astor	0.8.0
attrs	19.1.0
backcall	0.1.0
bleach	3.1.0
blis	0.2.4
boto3	1.9.199
boto	2.49.0
botocore	1.12.199
certifi	2019.3.9
chardet	3.0.4

续表

程序包名称	版本
click	7.1.2
colorama	0.4.1
cycler	0.10.0
cymem	2.0.2
dataclasses	0.7
decorator	4.4.0
defusedxml	0.6.0
docopt	0.6.2
docutils	0.14
eli5	0.9.0
en-core-web-md	2.1.0
en-core-web-sm	2.1.0
entrypoints	0.3
fake-useragent	0.1.11
filelock	3.0.12
fuzzywuzzy	0.18.0
gast	0.2.2
gensim	3.8.0
graphviz	0.11.1
grpcio	1.21.1
h5py	2.9.0
idna	2.8
imageio	2.9.0
inflect	2.1.0
ipykernel	5.1.1
ipython-genutils	0.2.0
ipython	7.5.0
jedi	0.13.3
jinja2	2.10.1

续表

程序包名称	版本
jmespath	0.9.4
joblib	0.13.2
jsonschema	3.0.1
jupyter-client	5.2.4
jupyter-core	4.4.0
keras-applications	1.0.8
keras-preprocessing	1.1.0
keras	2.2.4
kiwisolver	1.1.0
ktrain	0.19.3
lime	0.2.0.1
markdown	3.1.1
markupsafe	1.1.1
matplotlib	3.1.1
mistune	0.8.4
mlxtend	0.17.0
mock	3.0.5
murmurhash	1.0.2
nbconvert	5.6.0
nbformat	4.4.0
network	2.4
nltk	3.4.3
num2words	0.5.10
numpy	1.16.4
oauthlib	3.1.0
packaging	20.4
pandas	0.24.2
pandocfilters	1.4.2
parso	0.4.0

续表

程序包名称	版本
pickleshare	0.7.5
pillow	6.2.0
pip	19.1.1
plac	0.9.6
preshed	2.0.1
prompt-toolkit	2.0.9
protobuf	3.8.0
pybind11	2.4.3
pydot	1.4.1
pyenchant	3.0.1
pygments	2.4.2
pyparsing	2.4.0
pyreadline	2.1
pyrsistent	0.15.2
pysocks	1.7.0
python-dateutil	2.8.0
pytrends	1.1.3
pytz	2019.1
pywavelets	1.1.1
pyyaml	5.1.1
pyzmq	18.0.0
regex	2020.6.8
requests-oauthlib	1.2.0
requests	2.22.0
s3transfer	0.2.1
sacremoses	0.0.43
scikit-image	0.17.2
scikit-learn	0.21.2
scipy	1.3.0

续表

程序包名称	版本
sentencepiece	0.1.92
setuptools	41.0.1
shap	0.35.0
six	1.12.0
sklearn	0
smart-open	1.8.4
spacy	2.1.4
srsly	0.0.6
stop-words	2018.7.23
tabulate	0.8.3
tensorboard	1.13.1
tensor-gpu	2.0.0
tensorflow-estimator	1.13.0
tensorflow	1.13.1
termcolor	1.1.0
testpath	0.4.2
textblob	0.15.3
thinc	7.0.4
tifffile	2020.7.22
tokenizers	0.7.0
tornado	6.0.2
tqdm	4.32.1
traitlets	4.3.2
transformers	2.11.0
tweepy	3.8.0
typing	3.7.4
urllib3	1.25.3
vadersentiment	3.2.1
wasabi	0.2.2

续表

程序包名称	版本
wcwidth	0.1.7
webencodings	0.5.1
werkzeug	0.15.4
wheel	0.33.4
wincertstore	0.2
word2number	1.1
wordcloud	1.5.0
xgboost	0.9